Franz Pfuff

Mathematik für Wirtschaftswissenschaftler 1

Franz Pfuff

Mathematik für Wirtschafts- wissenschaftler 1

Grundzüge der Analysis – Funktionen einer Variablen

5. Auflage

Mit 93 Abbildungen

STUDIUM

Bibliografische Information der Deutschen Nationalbibliothek
Die Deutsche Nationalbibliothek verzeichnet diese Publikation in der
Deutschen Nationalbibliografie; detaillierte bibliografische Daten sind im Internet über
<http://dnb.d-nb.de> abrufbar.

Dr. rer. Pol. Franz Pfuff
ist apl. Professor an der Wirtschaftswissenschaftlichen Fakultät der Universität Regensburg.

E-Mail: franz.pfuff@wiwi.uni-regensburg.de

1. Auflage 1979
2. Auflage 1981
3. Auflage 1983
4. Auflage 2001
5. Auflage 2009

Alle Rechte vorbehalten
© Vieweg+Teubner | GWV Fachverlage GmbH, Wiesbaden 2009

Lektorat: Ulrike Schmickler-Hirzebruch | Nastassja Vanselow

Vieweg+Teubner ist Teil der Fachverlagsgruppe Springer Science+Business Media.
www.viewegteubner.de

Umschlaggestaltung: KünkelLopka Medienentwicklung, Heidelberg
Gedruckt auf säurefreiem und chlorfrei gebleichtem Papier.
Printed in Germany

ISBN 978-3-528-47238-2

Inhaltsverzeichnis

Mathematik für Wirtschaftswissenschaftler

Band 2 Lineare Algebra, Funktionen mehrerer Variablen

Kapitel 3 Lineare Algebra

Grundlegende Begriffe aus der Matrizenrechnung — Rechenoperationen für Matrizen — Vektoren im n-dimensionalen Raum $\mathbb{R}^n$ — Lineare Gleichungssysteme — Determinanten — Die inverse Matrix — Punktmengen im $\mathbb{R}^n$ und lineare Programmierung.

Kapitel 4 Funktionen mehrerer Variablen

Grundlegende Begriffe — Wichtige ökonomische Funktionen mehrerer Variabler — Die partielle Ableitung — Das totale Differential — Extrema ohne Nebenbedingungen — Extrema unter Nebenbedingungen.

Vorwort

Das vorliegende Buch entstand aus verschiedenen Vorlesungen, die ich an der Universität Regensburg gehalten habe.

Band 1 behandelt Grundzüge der Analysis und Funktionen einer Variablen, Band 2 Lineare Algebra und Funktionen von mehreren Variablen und Band 3 enthält eine umfangreiche Sammlung von Klausur- und Übungsaufgaben mit vollständigen Lösungen.

Das Hauptziel des Buches besteht darin, die bei den Studenten der Wirtschaftswissenschaften oftmals ungeliebte Mathematik so verständlich wie möglich zu machen. Es wurde deshalb versucht, auf übertriebenen Formalismus zu verzichten, ohne jedoch dafür einen Mangel an Exaktheit in Kauf zu nehmen.

Jeder wichtige Begriff wird durch eine Reihe von Anwendungsbeispielen und Zeichnungen ausführlich erläutert. Soweit wie möglich wird ferner immer auf die Anwendungsmöglichkeiten des behandelten Stoffes in den Wirtschaftswissenschaften hingewiesen. Bei der Stoffauswahl wurde insbesondere darauf geachtet, nur solche mathematischen Begriffe und Verfahren zu beschreiben, die ein Student während seines Studiums oder später in der Praxis auch tatsächlich benötigt.

Das Buch ist in erster Linie als Textbook zu den Grundvorlesungen über Mathematik für Wirtschaftswissenschaftler geeignet. Darüberhinaus kann es jedoch auch zum Selbststudium benützt werden.

In diese zweite Auflage habe ich auf Anregung vieler Leser noch zwei Abschnitte über Differenzen- und Differentialgleichungen aufgenommen. Außerdem wurden einige Druckfehler verbessert.

Ich danke auch weiterhin für kritische Bemerkungen über die Auswahl des Stoffes und seiner Darstellung, die mir aus dem Leserkreis zukommen.

Regensburg, im Juni 1981 *Franz Pfuff*

Liste der verwendeten Symbole

Symbol	Bedeutung	Seite
$\neg\, p$	„nicht p"; Negation	2
$p \wedge q$	„p und q"; Konjunktion	2
$p \vee q$	„p oder q"; Disjunktion	3
$p \Rightarrow q$	„aus p folgt q" bzw. „wenn p – dann q"; Implikation	3
$p \Leftrightarrow q$	„p gilt genau dann, wenn q gilt" bzw. „p ist notwendige und hinreichende Bedingung für q"; Äquivalenz	5
$a \in A$ $A \ni a$	a ist Element der Menge A	7
$a \notin A$ $A \not\ni a$	a ist nicht Element von A	7
$\emptyset$	leere Menge	8
$\mathbb{N}$	Menge der natürlichen Zahlen	8
$\mathbb{Z}$	Menge der ganzen Zahlen	8
$\mathbb{Q}$	Menge der rationalen Zahlen	8
$\mathbb{R}$	Menge der reellen Zahlen	8
$\mathbb{R}_+$	Menge der positiven reellen Zahlen	8
$\mathbb{R}_-$	Menge der negativen reellen Zahlen	8
$|A|$	Anzahl der Elemente von A; Mächtigkeit von A	8
$A \subset B$ $B \supset A$	A Teilmenge von B	8
$A \not\subset B$	A nicht Teilmenge von B	9
$A = B$	„A gleich B"; Mengengleichheit	9
$P(A)$	Potenzmenge von A	9
$A \cap B$	„A geschnitten mit B"; Durchschnittsmenge	10
$A \cup B$	„A vereinigt mit B"; Vereinigungsmenge	11
$B \setminus A$	„B minus A"; Differenzenmenge	11
$\overline{A}_M$	„A Komplement bzgl. M"; Komplementärmenge	12
$(a_1, \ldots, a_n)$	n-tupel der Elemente $a_1, \ldots, a_n$	13
$A_1 \times \ldots \times A_n$	kartesisches Produkt der Mengen $A_1, \ldots, A_n$	13

Symbol	Bedeutung	Seite
$\mathrm{I\!R}^n$	Menge aller n-tupel reeller Zahlen	14
$f : A \to B$	„f von A nach B"; Abbildung von A nach B	14
$y = f(x)$	„y gleich f von x"; Bildpunkt (Funktionswert) von x	14
$f[M]$	Bildmenge von M unter der Abbildung f	16
$f^{-1}[N]$	Urbildmenge von N unter der Abbildung f	16
$g \circ f$	„f Kreis g"; zusammengesetzte Abbildung, Komposition von f und g	17
$f^{-1} : B \to A$	Umkehrabbildung von B auf A	20
$\displaystyle\sum_{i=m}^{n} a_i$	Summe der Zahlen $a_m, a_{m+1}, \ldots, a_n$	22
$\displaystyle\prod_{i=m}^{n} a_i$	Produkt der Zahlen $a_m, a_{m+1}, \ldots, a_n$	24
$a < b$	a ist kleiner als b	26
$a > b$	a ist größer als b	26
$a \leqslant b$	a ist kleiner oder gleich b	26
$a \geqslant b$	a ist größer oder gleich b	26
(a, b)	offenes Intervall zwischen a und b	27
$[a, b)$	rechtsoffenes Intervall zwischen a und b	27
$(a, b]$	linksoffenes Intervall zwischen a und b	27
$[a, b]$	abgeschlossenes Intervall zwischen a und b	27
$[a, \infty)$	rechtsseitig unendliches Intervall	27
$(-\infty, b]$	linksseitig unendliches Intervall	27
∞	Unendlich	27
$|a|$	Absolutbetrag von a	28
$U_\epsilon(a)$	ϵ-Umgebung von a	29
$s^* = \inf A$	Infimum von A	30
$s^* = \min A$	Minimum von A	30
$t^* = \sup A$	Supremum von A	30
$t^* = \max A$	Maximum von A	30
$(a_n)_{n \in \mathrm{I\!N}}$	Folge der Zahlen $a_1, a_2, a_3, \ldots$	31
$\displaystyle\lim_{n \to \infty} a_n = a$	„Limes von a_n für n gegen Unendlich"; Grenzwert der Folge $(a_n)_{n \in \mathbb{N}}$	33
$a_n \underset{n \to \infty}{\longrightarrow} a$	„a_n strebt gegen den Grenzwert a für n gegen Unendlich"	33

Symbol	Bedeutung	Seite
$\displaystyle\sum_{i=1}^{\infty} a_i$	unendliche Reihe	36
$n!$	n-Fakultät	48
$\displaystyle\binom{n}{k}$	„n über k"; Binomialkoeffizient	48
$\displaystyle\lim_{x \to x_0} f(x)$	Grenzwert der Funktion f an der Stelle x_0	71
$f_r(x_0)$	rechtsseitiger Grenzwert der Funktion f an der Stelle x_0	73
$f_l(x_0)$	linksseitiger Grenzwert der Funktion f an der Stelle x_0	73
$\left.\begin{array}{l} f'(x_0) \\ \dfrac{df}{dx}(x_0) \end{array}\right\}$	Ableitung von f an der Stelle x_0	78
$f_r'(x_0)$	rechtsseitige Ableitung von f an der Stelle x_0	78
$f_l'(x_0)$	linksseitige Ableitung von f an der Stelle x_0	78
$\left.\begin{array}{l} f^{(n)}(x_0) \\ \dfrac{d^n f}{dx^n}(x_0) \end{array}\right\}$	n-te Ableitung von f an der Stelle x_0	82
$(f^{-1})'(x)$	Ableitung der Umkehrfunktion	86
$e^x = \exp(x)$	(natürliche) Exponentialfunktion	86
$\ln x$	(natürliche) Logarithmusfunktion	88
a^x	allgemeine Exponentialfunktion zur Basis a	90
$a^{\log x}$	allgemeine Logarithmusfunktion zur Basis a	91
$\hat{f}(t)$	Wachstumsrate von f	92
$\epsilon_f(x_0)$	Elastizität von f im Punkt x_0	94
$\displaystyle\int_a^b f(x)\,dx$	bestimmtes Integral von f in den Grenzen a und b	108
$\displaystyle\int_a^{\infty} f(x)\,dx$	uneigentliches Integral von f in den Grenzen a und ∞	111
$\displaystyle\int f(x)\,dx$	unbestimmtes Integral von f	114
$F(x)\Big|_a^b$	„F(x) in den Grenzen a und b"	116

Kapitel 1 Grundzüge der Analysis

§ 1 Grundlagen der mathematischen Logik

In der Mathematik wie auch in anderen Wissenschaften benötigt man zur präzisen
Darstellung der behandelten Probleme sogenannte Aussagen. Eine Aussage beschreibt
irgendeinen bestimmten Sachverhalt, der mit Hilfe der Umgangssprache oder mathematischen Formeln definiert wird. Wir wollen nun im folgenden untersuchen, was
wir hier unter einer Aussage verstehen und welche Regeln für den Umgang mit Aussagen gelten.

(1.1) Definition

Eine Aussage ist ein Satz, der entweder wahr (w) oder falsch (f) ist.

Bezeichnung: Wir bezeichnen hier Aussagen mit kleinen lateinischen Buchstaben
$p, q, r, s, \dots$
Gemäß dieser Definition betrachten wir also nur Aussagen, von denen man genau
feststellen kann, ob sie wahr oder falsch sind. Eine solche Entscheidung wird in der
Praxis natürlich nicht immer einfach zu treffen sein. Bei vielen Aussagen hängt es
noch von zusätzlichen Voraussetzungen ab, welchen Wahrheitswert man ihnen zuordnen kann. Dazu betrachten wir einige

Beispiele
(1) p: „Die Kosten sind niedrig."
     q: „Der Gewinn ist hoch."
     Die Bestimmung der Wahrheitswerte von p und q hängt natürlich außer von der
     Frage, was man unter niedrigen Kosten bzw. einem hohen Gewinn versteht auch
     noch davon ab, welchen speziellen Betrieb man gerade betrachtet.
(2) $r : x + 3 = 5$
     Die Aussage r ist wahr für $x = 2$ und falsch für alle $x \neq 2$.
(3) $s : 3 = 0$ (f)
     $t : 2 + 2 = 4$ (w).
Vor allem in der Mathematik ist man häufig gezwungen, aus gegebenen Aussagen
durch Umformung und Verknüpfung wieder neue Aussagen zu gewinnen. Solche zusammengesetzten Aussagen wollen wir nun hinsichtlich ihrer Wahrheitswerte untersuchen. Dabei benützen wir sogenannte Wahrheitstafeln, in denen man auf übersicht-
liche Weise alle möglichen Wahrheitswerte der in Frage kommenden Aussagen darstellen kann.

Negation

Aus der Aussage p erhält man durch Negation (Verneinung) die Aussage $\neg$ p
(= *nicht* p):

$$p \rightarrow \neg\, p.$$

(1.2) Definition

Die Aussage $\neg$ p ist wahr, wenn p falsch ist und falsch, wenn p wahr ist.
Es gilt also folgende Wahrheitstafel:

p	$\neg$ p
w	f
f	w

Beispiele

Aus den Aussagen des vorhergehenden Beispiels erhält man durch Negation

$\neg$ p : „Die Kosten sind nicht niedrig."
$\neg$ q : „Der Gewinn ist nicht hoch."
$\neg$ r : $x + 3 \neq 5$
$\neg$ s : $3 \neq 0$ (w)
$\neg$ t : $2 + 2 \neq 4$ (f).

Konjunktion

Aus den beiden Aussagen p und q erhält man durch Verknüpfung die Aussage
$p \wedge q$ (= p *und* q):

$$p, q \rightarrow (p \wedge q).$$

(1.3) Definition

Die Aussage $p \wedge q$ ist wahr, wenn sowohl p als auch q wahr sind; sie ist falsch, wenn
eine der beiden Teilaussagen falsch ist bzw. wenn beide Teilaussagen falsch sind.
Hierbei ergibt sich die Wahrheitstafel:

p	q	$p \wedge q$
w	w	w
w	f	f
f	w	f
f	f	f

Beispiele

p ∧ q : „Die Kosten sind niedrig und der Gewinn ist hoch."
s ∧ t : (3 = 0) ∧ (2 + 2 = 4)   (f)
¬ s ∧ t : (3 ≠ 0) ∧ (2 + 2 = 4)   (w)
r ∧ s : (x + 3 = 5) ∧ (3 = 0)   (f) für alle x.

Disjunktion

Eine andere Art der Verknüpfung zweier Aussagen p und q ist die Disjunktion
p ∨ q (= p *oder* q):

$$p, q \rightarrow (p \vee q).$$

(1.4) Definition

Die Aussage p ∨ q ist wahr, wenn mindestens eine Teilaussage wahr ist; sie ist falsch,
wenn sowohl p als auch q falsch sind.

Bemerkung: Wie man aus der Definition ersieht, entspricht die Disjunktion nicht dem
umgangssprachlichen „entweder — oder". Beide Aussagen schließen einander also
nicht aus.
Man erhält die folgende Wahrheitstafel:

p	q	p ∨ q
w	w	w
w	f	w
f	w	w
f	f	f

Beispiele

p ∨ q : „Die Kosten sind niedrig oder der Gewinn ist hoch."
s ∨ t : (3 = 0) ∨ (2 + 2 = 4)   (w)
s ∨ ¬ t : (3 = 0) ∨ (2 + 2 ≠ 4)   (f)
r ∨ s : (x + 3 = 5) ∨ (3 = 0)   (w) bei x = 2, (f) bei x ≠ 2.

Implikation

Bei der Implikation wird aus den beiden Aussagen p und q die zusammengesetzte
Aussage p ⇒ q (= „aus p *folgt* q" bzw. „wenn p — dann q") gebildet:

$$p, q \rightarrow (p \Rightarrow q).$$

Wir wollen uns nun überlegen, welche Wahrheitswerte man der Implikation p ⇒ q
zuordnen kann. Dazu betrachten wir einige

Beispiele

p : „Der Himmel ist blau.“
q : „Es regnet nicht.“
r : $3 = 2$ (f)
s : $0 = 0$ (w)
t : $6 = 4$ (f).

Wie man leicht sieht, ist die Aussage $p \Rightarrow q$: „*Wenn* der Himmel blau ist, *dann* regnet es nicht.“

  Wahr, falls p, q wahr bzw.

  falsch, falls p wahr und q falsch.

Weiter erhält man aus der falschen Aussage

  $r : 3 = 2$

durch Multiplikation mit 0 die wahre Aussage $s : 0 = 0$ bzw. durch Multiplikation mit 2 die falsche Aussage $t : 6 = 4$.

Man ordnet daher willkürlich den beiden Aussagen $r \Rightarrow s$ und $r \Rightarrow t$ den Wahrheitswert (w) zu.

Aufgrund der Überlegungen in diesem Beispiel gelangt man zu folgender

(1.5) Definition

Die Implikation $p \Rightarrow q$ ist falsch, wenn p wahr und q falsch ist, in allen übrigen Fällen ist sie wahr.

Es ergibt sich also die Wahrheitstafel:

p	q	$p \Rightarrow q$
w	w	w
w	f	f
f	w	w
f	f	w

Bemerkung: Bei der Implikation $p \Rightarrow q$ bezeichnet man oft die Aussage p als *Voraussetzung* (Prämisse) und die Aussage q als *Folgerung* (Konklusion). In vielen Fällen sagt man auch:

„p ist eine *hinreichende* Bedingung für q“ bzw. „q ist eine *notwendige* Bedingung für p“.

Beispiele

(a) p : a, b ungerade $\Big\}\ (p \Rightarrow q)$
  q : a + b gerade

  p ist hinreichende Bedingung für q und q ist notwendige Bedingung für p.

(b) p : a ist größer als 1 $\Big\}\ (p \Rightarrow q)$
  q : a^2 ist größer als 1

  p ist hinreichende Bedingung für q und q ist notwendige Bedingung für p.

Äquivalenz

Gelten für die beiden Aussagen p und q jeweils die Implikationen $p \Rightarrow q$ und $q \Rightarrow p$, so bezeichnet man sie als äquivalent und schreibt $p \Leftrightarrow q$. Man sagt dazu auch oft: „p gilt *genau dann, wenn* q gilt" bzw. „p ist *notwendige* und *hinreichende* Bedingung für q".

Die Äquivalenz $p \Leftrightarrow q$ ist also gleichbedeutend mit der Aussage $(p \Rightarrow q) \wedge (q \Rightarrow p)$, so daß man folgende Wahrheitstafel erhält:

p	q	$p \Rightarrow q$	$q \Rightarrow p$	$p \Leftrightarrow q$
w	w	w	w	w
w	f	f	w	f
f	w	w	f	f
f	f	w	w	w

Es ergibt sich also

(1.6) Definition

Die Äquivalenz $p \Leftrightarrow q$ ist wahr, wenn p, q den gleichen Wahrheitswert besitzen; sie ist falsch, wenn für p, q verschiedene Wahrheitswerte gelten.

Beispiele

(a) $2 + 2 = 4 \Leftrightarrow 2 \cdot 3 = 6$ (w)
$\quad\; 0 \cdot 0 = 1 \Leftrightarrow 2 \cdot 2 = 5$ (w)
$\quad\; 0 \cdot 0 = 0 \Leftrightarrow 2 \cdot 2 = 5$ (f).

(b) $\left.\begin{array}{l} p : b \text{ ist größer als } a \\ q : a - b \text{ ist negativ} \end{array}\right\} \; p \Leftrightarrow q$
p ist notwendig und hinreichend für q.

(c) $\left.\begin{array}{l} p : a, b \text{ ungerade} \\ q : a + b \text{ gerade} \end{array}\right\} \; p \nLeftrightarrow q$
p ist nicht notwendig und hinreichend für q.
Es gilt nämlich z. B. für $a = 2, b = 6$:
$2 + 6 = 8$ geradzahlig $\nRightarrow$ 2 bzw. 6 ungerade.

Bemerkung: Sind mehrere Aussagen miteinander verknüpft, so müssen zunächst die in den Klammern stehenden Anweisungen ausgeführt werden. Bezüglich der Reihenfolge, in der die einzelnen logischen Operationen durchzuführen sind, unterscheiden wir zwischen drei verschiedenen Stufen:

1. Stufe	$\neg$
2. Stufe	$\vee, \wedge$
3. Stufe	$\Rightarrow, \Leftrightarrow$

So gilt z. B. für die folgende Aussage:

$$(p \wedge \neg q) \vee r \Rightarrow \neg s \vee q.$$

Wir wollen nun noch einige Bemerkungen zum Beweis mathematischer Sätze machen. Dabei unterscheiden wir hier hauptsächlich zwischen direkten und indirekten Beweisen. Auf den sogenannten Beweis durch vollständige Induktion gehen wir in § 6 ein.

Beim *direkten* Beweis verwendet man bekannte mathematische Definitionen, Sätze, Regeln usw., um aus der Voraussetzung durch Implikation neue Aussagen herzuleiten. Diese logischen Schlüsse führt man solange durch, bis sich die Folgerung unmittelbar ergibt.

Beim *indirekten* Beweis nimmt man an, die zu beweisende Aussage sei falsch. Ähnlich wie beim direkten Beweis führt man Implikationen durch, bis sich ein Widerspruch zu einer richtigen Aussage ergibt. Damit ist dann gezeigt, daß die ursprüngliche Aussage richtig ist.

Beispiele

Behauptung: $\underbrace{\frac{1}{2}(a + b) = \sqrt{ab}}_{(p)} \Rightarrow \underbrace{a = b}_{(q)}$

Beweis (direkt):

$$\frac{1}{2}(a + b) = \sqrt{ab}$$

$$\Rightarrow \quad \frac{1}{4}(a + b)^2 = ab$$

$$\Rightarrow a^2 + 2\,ab + b^2 = 4\,ab$$

$$\Rightarrow a^2 - 2\,ab + b^2 = 0$$

$$\Rightarrow \quad (a - b)^2 = 0$$

$$\Rightarrow \quad a = b$$

Beweis (indirekt):

Wir nehmen nun an:

$$\frac{1}{2}(a + b) = \sqrt{ab} \quad \text{und} \quad b = a + k \quad \text{mit} \quad k \neq 0.$$

Durch Einsetzen von b in Gleichung (p) ergibt sich:

$$\frac{1}{2}(a + a + k) = \sqrt{a(a + k)}$$

$$\Rightarrow \quad a + \frac{k}{2} = \sqrt{a^2 + ka}$$

$$\Rightarrow a^2 + ka + \frac{k^2}{4} = a^2 + ka$$

$$\Rightarrow \quad \frac{k^2}{4} = 0,$$

was einen Widerspruch zu $k \neq 0$ bedeutet. Damit ist die Behauptung $p \Rightarrow q$ bewiesen.

Bemerkung: Es ergibt sich insbesondere, daß man eine Aussage durch Angabe eines Gegenbeispiels widerlegen kann. Dagegen ist eine Aussage jedoch noch keineswegs bewiesen, wenn man zeigt, daß sie für ein spezielles Beispiel richtig ist.

§ 2 Mengen

Mengen spielen bei der fortschreitenden Formalisierung vieler Wissenschaften heute eine wichtige Rolle. Insbesondere in der Mathematik, den Wirtschaftswissenschaften und der Wahrscheinlichkeitsrechnung werden Zusammenfassungen gleichartiger Objekte mit Hilfe von Mengen charakterisiert.
Eine mathematisch exakte Definition des Begriffs einer Menge ist in diesem Rahmen nicht möglich. Deshalb beschränken wir uns auf folgende

(2.1) Definition

Eine Menge ist eine Gesamtheit A von Objekten (= Elementen), wobei alle Elemente nur einmal in der Menge enthalten sein dürfen. Für jedes beliebige Element muß dabei genau entschieden werden können, ob es zur Menge gehört oder nicht. Abkürzend schreiben wir meist:

$$A = \{a \,|\, a \text{ hat die Eigenschaft } p\}.$$

Bezeichnungen: Wir bezeichnen hier Mengen mit großen lateinischen Buchstaben A, B, C, ... und die Elemente einer Menge mit kleinen lateinischen Buchstaben a, b, c, ..., x, y, z.
Ist das Element a in der Menge A enthalten, so schreiben wir:

$$a \in A \quad \text{bzw.} \quad A \ni a;$$

ist a jedoch kein Element von A, so schreiben wir hierfür:

$$a \notin A \quad \text{bzw.} \quad A \not\ni a.$$

Es ist gleichgültig, in welcher Reihenfolge die einzelnen Elemente angeordnet werden.

Um nicht für jede Menge von vornherein untersuchen zu müssen, ob sie überhaupt Elemente enthält, ist es zweckmäßig, die sogenannte *leere Menge* einzuführen, die definitionsgemäß kein Element enthält. Man bezeichnet die leere Menge üblicherweise mit dem Symbol $\emptyset$.

Beispiele

(1) $A = \{a \mid a$ ist Konsument in der BRD$\}$;

(2) $A = \left\{0, \dfrac{1}{100}, \dfrac{2}{100}, \ldots, \dfrac{99}{100}, 1\right\}$ ist die Menge aller möglichen Ausschußanteile

     bei einer Warenlieferung von 100 Stück;

(3) $A = \{a \mid a$ ist gerade Zahl$\} = \{0, \pm 2, \pm 4, \ldots\}$;

(4) $A = \{a \mid a^2 = 1\} = \{-1, 1\}$;

(5) Bei der folgenden Zusammenfassung $A = \{1, 2, 3, 4, 3\}$ handelt es sich um keine Menge, da das Element 3 zweimal in A enthalten ist;

(6) $A = \{a \mid a^2 = -1 \wedge a$ reelle Zahl$\} = \emptyset$.

Für die folgenden häufig benötigten Zahlenmengen haben sich folgende Bezeichnungsweisen eingebürgert:

$\mathbb{N} = \{x \mid x$ natürliche Zahl$\} = \{1, 2, 3, \ldots\}$;

$\mathbb{Z} = \{x \mid x$ ganze Zahl$\} = \{\ldots, -2, -1, 0, 1, 2, \ldots\} = \{0, \pm 1, \pm 2, \ldots\}$;

$\mathbb{Q} = \{x \mid x$ rationale Zahl$\} = \left\{x \mid x = \dfrac{p}{q}; p, q \in \mathbb{Z}, q \neq 0\right\}$;

$\mathbb{R} = \{x \mid x$ reelle Zahl$\}$;

$\mathbb{R}_+ = \{x \mid x \in \mathbb{R} \wedge x$ positiv$\} \cup \{0\}$;

$\mathbb{R}_- = \{x \mid x \in \mathbb{R} \wedge x$ negativ$\} \cup \{0\}$.

Besonders in der Wahrscheinlichkeitsrechnung ist man häufig daran interessiert, die *Mächtigkeit* einer Menge, d. h. die Anzahl der Elemente einer Menge, zu kennen. Für eine beliebige Menge A bezeichnen wir die Mächtigkeit mit $|A|$. Ist dabei $|A|$ endlich, so sprechen wir von einer endlichen Menge; andernfalls heißt A unendlich.

Mengen lassen sich in der Ebene besonders anschaulich darstellen durch sogenannte *Venn-Diagramme*. Wir werden deshalb zur Erläuterung der im folgenden behandelten Beziehungen zwischen Mengen immer die entsprechenden Venn-Diagramme angeben. Dabei ist jedoch zu beachten, daß solche Zeichnungen natürlich noch keinen Beweis darstellen.

Teilmengen

(2.2) Definition

Seien A und B Mengen. Dann heißt A eine *Teilmenge* von B (in Zeichen: $A \subset B$ bzw. $B \supset A$), wenn jedes Element von A auch in B enthalten ist (Bilder 1-1 und 1-2).

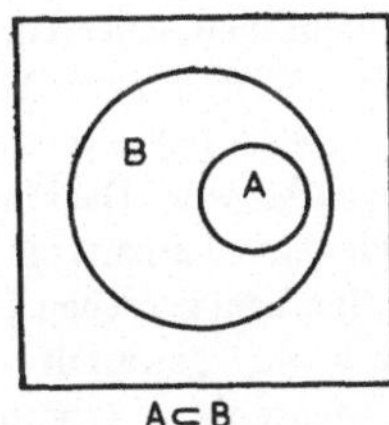

Bild 1-1

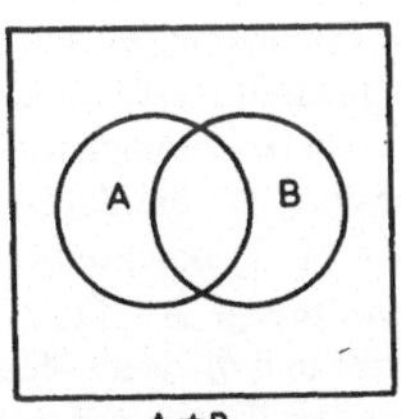

(A nicht Teilmenge von B)

Bild 1-2

Beispiele

(1) $A = \{0\}$, $B = \{3\}$, $C = \{0, 1, 2\}$.
   Es ist dann $A \subset C$, aber $B \not\subset C$, da $3 \notin C$.

(2) $\mathbb{N} \subset \mathbb{Z} \subset \mathbb{R}$.
   Dagegen ist aber $\mathbb{R} \not\subset \mathbb{Z} \not\subset \mathbb{N}$, da z. B. $\sqrt{2} \in \mathbb{R}$ aber $\sqrt{2} \notin \mathbb{Z}$ und $-1 \in \mathbb{Z}$, aber $-1 \notin \mathbb{N}$.

(3) Für jede beliebige Menge A sind sowohl die leere Menge als auch A selbst Teilmengen:

$$A \subset A \quad \text{und} \quad \emptyset \subset A.$$

Vor allem zur Durchführung von Beweisen ist noch folgende Definition der Gleichheit von Mengen nützlich.

(2.3) Definition

Zwei Mengen A und B heißen gleich, falls gleichzeitig $A \subset B$ und $B \subset A$ gilt, d. h.

$$A = B \Longleftrightarrow (A \subset B) \wedge (B \subset A).$$

Potenzmengen

(2.4) Definition

Sei A eine Menge. Dann heißt die Menge

$$P(A) = \{B \mid B \subset A\}$$

aller Teilmengen von A die *Potenzmenge* von A.

Beispiele

(1) Für die dreielementige Menge $A = \{a, b, c\}$ erhalten wir die achtelementige Potenzmenge

$$P(A) = \{\{a\}, \{b\}, \{c\}, \{a, b\}, \{a, c\}, \{b, c\}, \{a, b, c\}, \emptyset\}.$$

(2) Die Potenzmengen spielen eine wichtige Rolle in der Wahrscheinlichkeitstheorie. Betrachten wir dazu etwa das Experiment des einmaligen Werfens eines Würfels. Hierbei beschreiben die Mengen $A_1 = \{1\}$, $A_2 = \{2\}$, ..., $A_6 = \{6\}$ jeweils das *Ereignis*, daß die Zahl 1, die Zahl 2, ..., die Zahl 6 gewürfelt wird. Die Menge $A_7 = \{1, 2\}$ beschreibt das Ereignis, daß man eine 1 oder eine 2 erhält, die Ergebnismenge $A = \{1, 2, ..., 6\}$ das Ereignis, daß sich eine Zahl zwischen 1 und 6 ergibt und die leere Menge $\emptyset$, daß keine Zahl zwischen 1 und 6 gewürfelt wird, usw. Die Potenzmenge $P(A)$, d.h. die Menge aller Teilmengen von A, enthält also alle bei diesem Experiment möglichen Ereignisse.

Bemerkung: Besitzt die Menge A n Elemente, so besteht die Potenzmenge $P(A)$ aus 2^n Elementen. In Beispiel (1) erhalten wir also $2^3 = 8$ Elemente und in Beispiel (2) ergeben sich $2^6 = 64$ Elemente.

Durchschnittsmengen

(2.5) Definition

Seien A und B Mengen. Dann heißt die Menge aller Elemente, die sowohl in A als auch in B liegen, die *Durchschnittsmenge* $A \cap B$ (Bild 1-3), d.h.

$$A \cap B = \{a \mid a \in A \land a \in B\}.$$

Zwei Mengen A und B heißen *disjunkt* (= punktfremd), falls gilt: $A \cap B = \emptyset$ (Bild 1-4).

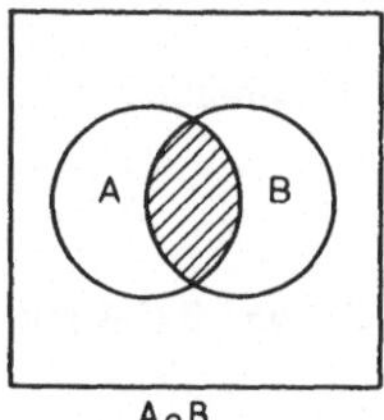

Bild 1-3

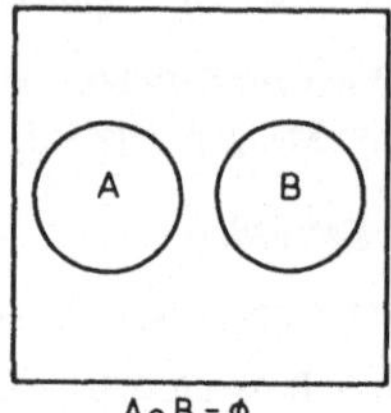

Bild 1-4

Beispiele

(1) $A = \{1, 2, 3\}$, $B = \{3, 6\}$, $A \cap B = \{3\}$;
(2) Für $A \subset M$ gilt: $A \cap M = A$;
(3) $A \cap A = A$, $A \cap \emptyset = \emptyset$.
(4) Ist bei dem vorher behandelten Würfelexperiment $B_1 = \{1, 2, 3, 4\}$ das Ereignis, daß höchstens eine 4 und $B_2 = \{3, 4, 5, 6\}$ das Ereignis, daß mindestens eine 3 gewürfelt wird, so beschreibt $B_1 \cap B_2 = \{3, 4\}$ das Ereignis, daß B_1 und B_2 gleichzeitig eintreten.

Vereinigungsmengen

(2.6) Definition

Seien A und B Mengen. Dann heißt die Menge aller Elemente, die in A oder in B liegen, die Vereinigungsmenge $A \cup B$ (Bilder 1-5 und 1-6), d.h.

$$A \cup B = \{a \mid a \in A \vee a \in B\}.$$

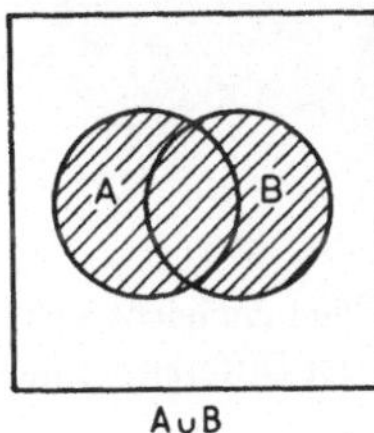

Bild 1-5

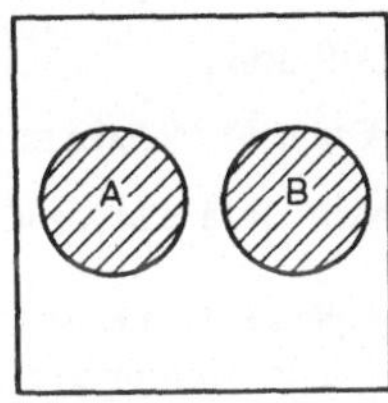

Bild 1-6

Beispiele

(1) $A = \{1, 2, 3\}$, $B = \{3, 6\}$, $A \cup B = \{1, 2, 3, 6\}$;
(2) Für $A \subset M$ gilt: $A \cup M = M$;
(3) $A \cup A = A$, $A \cup \emptyset = A$;
(4) Sind $A_1 = \{2\}$ und $A_2 = \{3\}$ wieder Ereignisse beim Würfelexperiment, so beschreibt $A_1 \cup A_2 = \{2, 3\}$ das Ereignis, daß A_1 oder A_2 eintreten.

Differenz von Mengen

(2.7) Definition

Seien A und B Mengen. Dann heißt die Menge aller Elemente, die in B, aber nicht in A liegen, die Differenzenmenge $B \smallsetminus A$ (Bilder 1-7 und 1-8), d.h.

$$B \smallsetminus A = \{a \mid a \in B \wedge a \notin A\}.$$

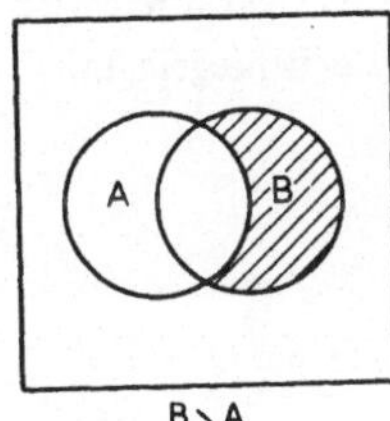

Bild 1-7

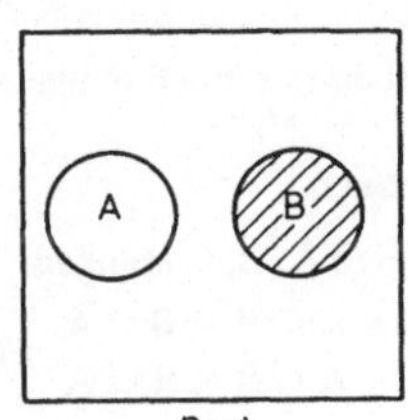

Bild 1-8

Beispiele

(1) $\{0, 2, 4, 6, 8\} \setminus \{0, 1, 4, 9\} = \{2, 6, 8\}$
     $\{0, 1, 4, 9\} \setminus \{0, 2, 4, 6, 8\} = \{1, 9\}$;
(2) Für $A \subset B$ gilt: $A \setminus B = \emptyset$.
(3) $\mathbb{R}^* = \mathbb{R} \setminus \{0\}$ ist die Menge aller von Null verschiedenen reellen Zahlen.

Komplementärmenge

(2.8) Definition

Seien A und M Mengen mit $A \subset M$. Dann heißt

$$\overline{A}_M = \{a \mid a \in M \wedge a \notin A\}$$

die Komplementärmenge von A bezüglich M (Bild 1-9). Wie man leicht sieht, handelt es sich bei der Komplementärmenge um einen Spezialfall der Differenzenmenge, d.h.

$$\overline{A}_M = M \setminus A.$$

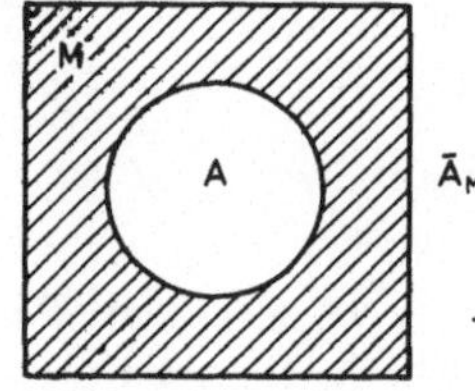

Bild 1-9

Beispiele

(1) $A = \{1, 2\}$, $M = \{1, 2, 3\}$, $\overline{A}_M = \{3\}$;
(2) $\overline{M}_M = \{a \mid a \in M \wedge a \notin M\} = \emptyset$, $\overline{\emptyset}_M = M$;
(3) Für $A \subset M$ gilt: $A \cup \overline{A}_M = M$, $A \cap \overline{A}_M = \emptyset$;
(4) $\overline{\{1, 2\}}_\mathbb{N} = \{3, 4, 5, \ldots\}$.
(5) Wir betrachten wieder das Würfelexperiment mit der Ergebnismenge
     $A = \{1, \ldots, 6\}$. Dann beschreibt die Komplementärmenge zu dem Ereignis
     $A_1 = \{1\}$ das Ereignis $\overline{(A_1)}_A = \{2, 3, \ldots, 6\}$, daß keine 1 gewürfelt wird.
Wir geben nun noch einige wichtige mengenalgebraische Rechenregeln an.

(2.9) Satz

(a) Seien A, B, C Mengen. Dann gilt:

(1) $A \cap B = B \cap A$
     $A \cup B = B \cup A$ (Kommutativität)

(2) $(A \cup B) \cup C = A \cup (B \cup C)$
     $(A \cap B) \cap C = A \cap (B \cap C)$ (Assoziativität)

(3) $(A \cup B) \cap C = (A \cap C) \cup (B \cap C)$
    $(A \cap B) \cup C = (A \cup C) \cap (B \cup C)$ (Distributivität)

(b) Für die Mengen $A, B \subset M$ gilt:

(1) $A \subset B \Rightarrow \overline{B}_M \subset \overline{A}_M$;

(2) $\overline{(\overline{A}_M)}_M = A$;

(3) $\overline{(A \cup B)}_M = \overline{A}_M \cap \overline{B}_M$

$\overline{(A \cap B)}_M = \overline{A}_M \cup \overline{B}_M$ (De Morgansche-Gesetze)

Produktmengen

Bei vielen für die Praxis wichtigen Problemen ist es notwendig, Elemente aus verschiedenen Mengen in einer festgelegten Reihenfolge zusammenzufassen. Dazu verwenden wir die sogenannten Produktmengen.

(2.10) Definition

(a) Eine Anordnung von Objekten (Elementen) $a_1, \ldots, a_n$ der Form

$$(a_1, \ldots, a_n)$$

heißt ein n-tupel $(n \in \mathbb{N})$;

(b) Gegeben seien die Mengen $A_1, \ldots, A_n$ $(n \in \mathbb{N})$. Dann heißt die folgende Menge von n-tupeln

$$A_1 \times \ldots \times A_n = \{(a_1, \ldots, a_n) | a_1 \in A_1, \ldots, a_n \in A_n\}$$

das kartesische Produkt von $A_1, \ldots, A_n$.
Im Falle von $A_1 = \ldots = A_n = A$ schreibt man abkürzend: $A^n = A_1 \times \ldots \times A_n$.

Bemerkung: Für je zwei n-tupel gilt: $(a_1, \ldots, a_n) = (b_1, \ldots, b_n)$ genau dann, falls $a_1 = b_1, \ldots, a_n = b_n$. Für $a \neq b$ ist jedoch $(a, b) \neq (b, a)$; im allgemeinen ist also $A \times B \neq B \times A$.

Beispiele

(1) Wir betrachten ein Experiment, bei dem eine Münze zweimal hintereinander geworfen wird (Bild 1-10). Dabei seien $A_1 = \{k, z\}$ bzw. $A_2 = \{k, z\}$ die Ergebnismengen des ersten bzw. zweiten Wurfes (k = Kopf, z = Zahl).

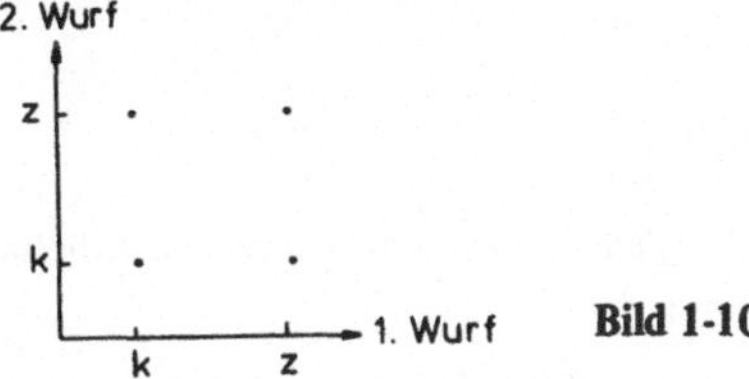

Bild 1-10

Die Produktmenge $A_1 \times A_2 = \{(k, k), (k, z), (z, k), (z, z)\}$ enthält dann alle bei diesem Experiment möglichen Ergebnisse. Bei jedem dieser Paare steht an erster Stelle das Ergebnis des ersten und an zweiter Stelle das Ergebnis des zweiten Wurfes.

(2) Bei der Beurteilung eines Steuerzahlers sind etwa die Merkmale Bruttoeinkommen, Familienstand und Kinderzahl interessant. Seien nun

$A = $ IR die Menge aller möglichen Bruttoeinkommen
     (Verluste sind negative Einkommen),

$B = \{0, 1, 2, 3\}$ die Menge der möglichen Familienstände
     ($0 = $ ledig, $1 = $ verheiratet, $2 = $ verwitwet, $3 = $ geschieden),

$C = $ IN $\cup \{0\}$ die Menge aller möglichen Kinderzahlen.

Die Produktmenge $A \times B \times C$ enthält dann alle möglichen Kombinationen. So bedeutet z. B. das Tripel $(30.000; 1; 0)$, daß die betreffende Person ein Bruttoeinkommen von $30.000,-$ DM besitzt, verheiratet ist und kein Kind hat.

(3) Von besonderer Bedeutung ist die Menge IR^n aller n-tupel reeller Zahlen, die sich als das n-fache Produkt von IR ergibt:

$$\text{IR}^n = \underbrace{\text{IR} \times \ldots \times \text{IR}}_{n\text{-mal}} = \{(x_1, \ldots, x_n) \mid x_1 \in \text{IR}, \ldots, x_n \in \text{IR}\}.$$

Speziell für $n = 2$ kann man das Produkt IR$^2 = \{(a, b) \mid a, b \in \text{IR}\}$ als die Menge aller Punkte der reellen Zahlenebene auffassen. Wir werden darauf ausführlich in § 23 eingehen.

§ 3 Abbildungen

Mit Hilfe von Abbildungen kann man eine Beziehung zwischen zwei Mengen herstellen, indem man eine Zuordnung zwischen bestimmten Objekten dieser Mengen vornimmt. Abbildungen sind besonders zur Erklärung ökonomischer Zusammenhänge geeignet. Wir setzen:

(3.1) Definition

Es seien A und B Mengen. Dann heißt eine Vorschrift f, die jedem $x \in A$ *genau ein* $y \in B$ zuordnet, eine Abbildung f von A nach B. Wir schreiben

$$f : A \to B, \quad x \to y = f(x).$$

Dabei nennt man

A Definitionsbereich von f, $x \in A$ Argument;
B Wertebereich von f, $y = f(x) \in B$ Bildpunkt.

Wir wollen nun den Begriff der Abbildung anhand der Zuordnung von Arbeitern auf Maschinen genauer erläutern.

Beispiele

Sei $A = \{a_1, \ldots, a_5\}$ die Menge der zur Verfügung stehenden Arbeiter und
$B = \{m_1, \ldots, m_4\}$ die Menge der für einen bestimmten Auftrag benützbaren Maschinen. Dann sei gemäß den folgenden Vorschriften f jeweils eine Zuordnung vorgenommen:

(1) 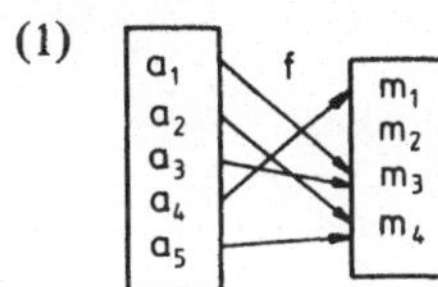
f ist eine Abbildung, da jedem Element von A *genau ein* Element von B zugeordnet wird.

(2) 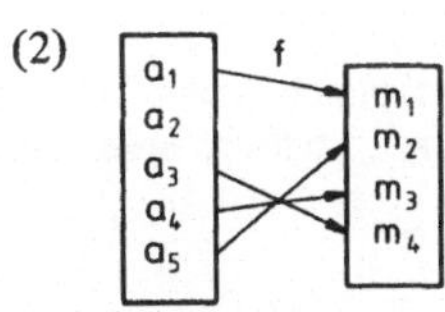
f ist keine Abbildung, da dem Argument a_2 kein Bildpunkt zugeordnet wird.

(3) 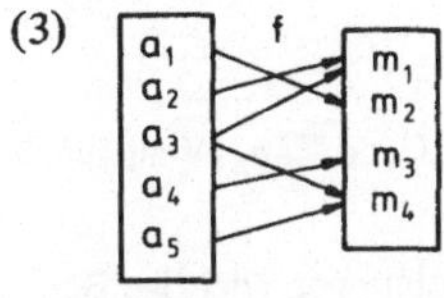
f ist keine Abbildung, da dem Argument a_3 die Bildpunkte m_1 und m_4 zugeordnet werden.

Abbildungsvorschriften werden außer durch Pfeile häufig auch durch mathematische Formeln oder Diagramme angegeben.

Beispiele

(1) Bei den Zuordnungen (Bilder 1-11 und 1-12) handelt es sich jeweils um Abbildungen.

$$f : \mathbb{R} \to \mathbb{R}, \quad f(x) = x^2 \qquad f : \mathbb{R} \to \mathbb{R}, \quad f(x) = c \, (= \text{const.})$$

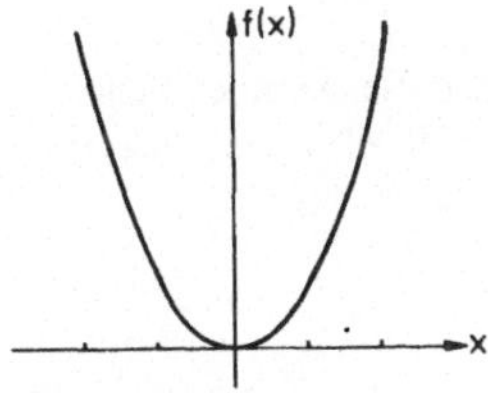

Bild 1-11

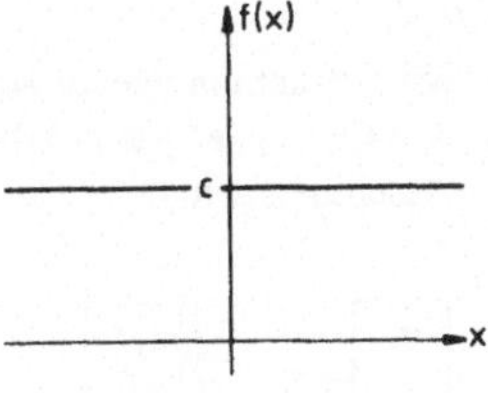

Bild 1-12

(2) Die gemäß folgendem Diagramm (Bild 1-13) gegebene Zuordnung stellt dagegen keine Abbildung dar, da dem Argument x_0 zwei Bildpunkte y_1 und y_2 zugewiesen werden.

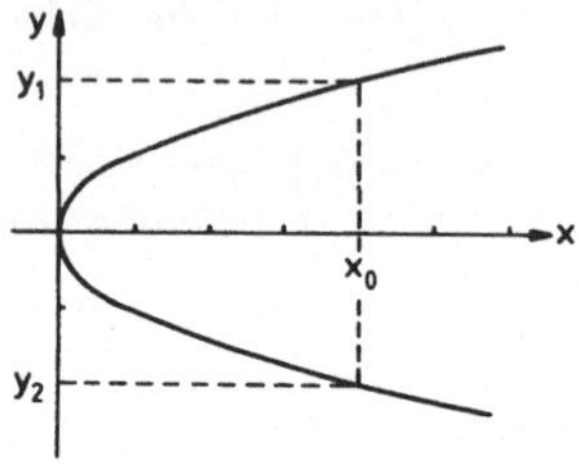

Bild 1-13

Bemerkung: Ist bei einer Abbildung $f : A \to B$ der Definitionsbereich A eine Teilmenge von IR bzw. IR^n und der Wertebereich B eine Teilmenge von IR, so bezeichnen wir hier f als eine Funktion. Dabei nennen wir

$$f : IR \to IR, \quad x \to y = f(x)$$

eine Funktion von einer Variablen und

$$f : IR^n \to IR, \quad (x_1, \ldots, x_n) \to y = f(x_1, \ldots, x_n)$$

eine Funktion von n Variablen. Wir werden darauf in Kap. II und Kap. IV ausführlich eingehen.

Wir betrachten nun noch einige im Zusammenhang mit Abbildungen wichtige Begriffe.

Bild- und Urbildmenge

(3.2) Definition

Es seien A, B Mengen und $f : A \to B$ eine Abbildung. Dann heißt für jede beliebige Teilmenge $M \subset A$ und $N \subset B$:

(a) $f[M] = \{f(a) \,|\, a \in M\}$ die *Bildmenge* von M unter der Abbildung f;

(b) $f^{-1}[N] = \{a \,|\, a \in A \land f(a) \in N\}$ die *Urbildmenge* von N unter der Abbildung f.

Beispiele

(1) Wir betrachten wieder ein Zuordnungsproblem zwischen einer Menge
    $A = \{a_1, a_2, a_3\}$ von Arbeitern und einer Menge $B = \{m_1, m_2, m_3, m_4\}$ von Maschinen gemäß

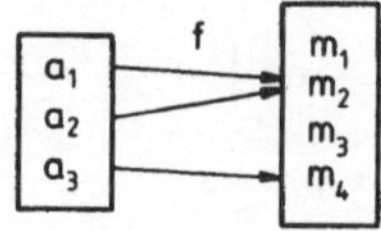

Hierbei ergeben sich dann z. B. folgende Bild- und Urbildmengen:

$$f[\{a_1\}] = \{m_2\}, \quad f[\{a_1, a_2\}] = \{m_2\}, \quad f[A] = \{m_2, m_4\} \subset B;$$

$$f^{-1}[\{m_4\}] = \{a_3\}, \quad f^{-1}[\{m_1, m_3\}] = \emptyset, \quad f^{-1}[B] = A.$$

(2) Bei der Abbildung $f : \mathbb{R} \to \mathbb{R}$ mit $f(x) = x^2$ erhält man (Bild 1-14):

$$f[\{-2, 2\}] = \{f(x) | x \in \{-2, 2\}\} = \{f(-2), \quad f(2)\} = \{4\};$$

$$f^{-1}[\{1\}] = \{x | x \in \mathbb{R} \wedge f(x) \in \{1\}\} = \{x | f(x) = 1\} = \{-1, 1\};$$

$$f^{-1}[\{-1\}] = \emptyset.$$

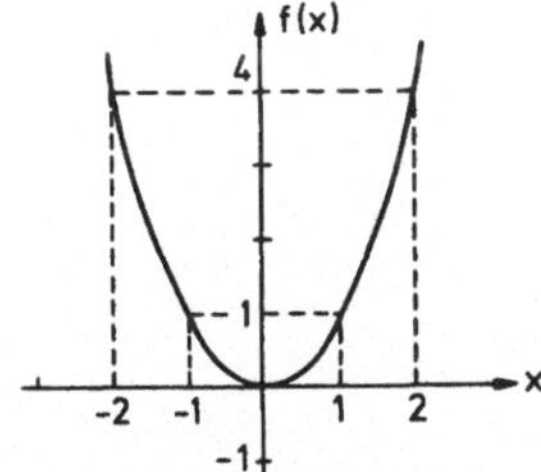

Bild 1-14

Zusammengesetzte Abbildungen

(3.3) Definition

Seien A, B, C, D Mengen und $f : A \to B$ sowie $g : C \to D$ Abbildungen mit $f[A] \subset C$. Dann wird eine Abbildung

$$g \circ f : A \to D$$

definiert, indem man jedem $x \in A$ den Wert $g(f(x)) \in D$ zuordnet. $g \circ f$ (lies „f Kreis g") heißt zusammengesetzte Abbildung oder Komposition von f und g.

$$x \longrightarrow f(x) \longrightarrow g(f(x)) = (g \circ f)(x)$$

$$A \xrightarrow{\ f\ } f[A] \subset C \xrightarrow{\ g\ } D$$

$$g \circ f$$

Beispiele

(1) Zwischen der jeweils verfügbaren Menge

$$A = \{k_1, k_2, k_3\} \text{ der Kraftfahrer,}$$
$$B = C = \{l_1, l_2, l_3, l_4\} \text{ der Lastkraftwagen,}$$
$$D = \{r_1, r_2, r_3\} \text{ der Routen}$$

seien folgende Abbildungen (Zuordnungen) gegeben:

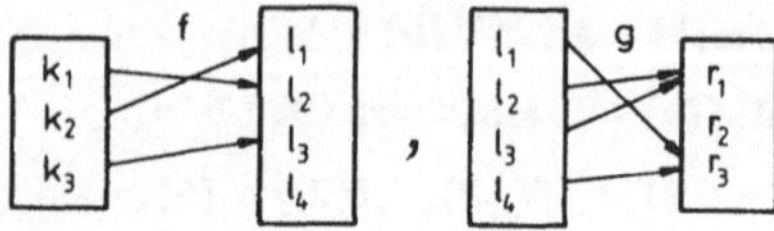

Man erhält daraus die zusammengesetzte Abbildung g ∘ f wie folgt:

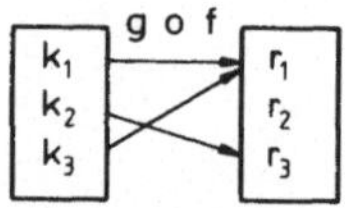

(2) Für die beiden Abbildungen

$f : \mathbb{N} \to \mathbb{Z}, \quad f(x) = 2x$
$g : \mathbb{Z} \to \mathbb{Z}, \quad g(x) = -x^2 - 1$

erhalten wir die zusammengesetzte Abbildung

$$g \circ f : \mathbb{N} \to \mathbb{Z}, \quad (g \circ f)(x) = g(f(x)) = g(2x) = -4x^2 - 1.$$

Dagegen existiert die Abbildung f ∘ g nicht, da die Bildmenge von g nicht im Definitionsbereich von f enthalten ist, d. h. $g[\mathbb{Z}] \not\subset \mathbb{N}$.

$$\mathbb{Z} \xrightarrow{g} \mathbb{Z}, \quad \mathbb{N} \xrightarrow{f} \mathbb{Z}$$

$$f \circ g$$

Injektive, surjektive und bijektive Abbildungen

(3.4) Definition

Sei $f : A \to B$ eine Abbildung. Dann heißt

(a) f *injektiv*, wenn für $x_1, x_2 \in A$ gilt:

$$x_1 \neq x_2 \Rightarrow f(x_1) \neq f(x_2);$$

(b) f *surjektiv*, wenn die Bildmenge $f[A]$ mit dem Wertebereich B übereinstimmt, d. h. wenn $f[A] = B$;

(c) f *bijektiv*, wenn f surjektiv und injektiv.

Beispiele:

(1) Betrachte das folgende Zuordnungsproblem mit den Mengen $A = \{a_1, \ldots, a_4\}$ und $B = \{m_1, \ldots, m_4\}$:

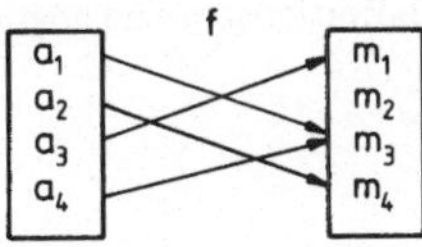

f ist nicht injektiv, da für $a_1 \neq a_4$ gilt: $f(a_1) = f(a_4) = m_3$;
f ist nicht surjektiv, da $f[A] = \{m_1, m_3, m_4\} \neq B$.

(2) $f : \mathbb{R} \to \mathbb{R}_+$, $f(x) = x^2$ (Bild 1-15)

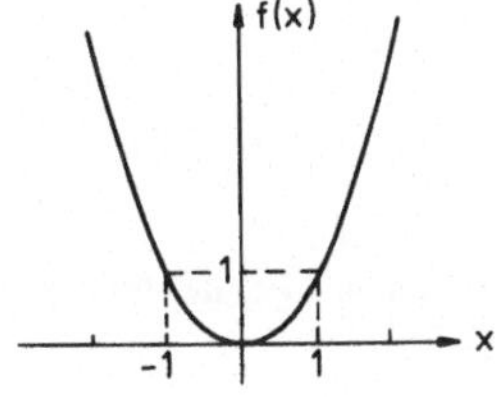

f nicht injektiv, da für
$x_1 = 1$, $x_2 = -1$ gilt:

$f(x_1) = f(x_2) = 1$;

f surjektiv, da $f[\mathbb{R}] = \mathbb{R}_+$.

Bild 1-15

(3) $f : \mathbb{R} \to \mathbb{R}$, $f(x) = x$ (Bild 1-16)

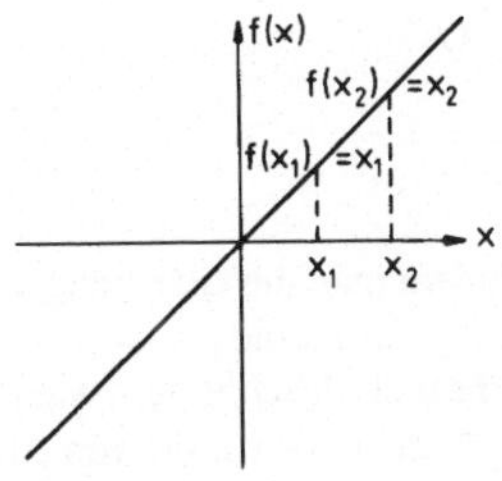

f injektiv, da für $x_1 \neq x_2$ gilt:

$f(x_1) = x_1 \neq x_2 = f(x_2)$

f surjektiv, da $f[\mathbb{R}] = \mathbb{R}$
f bijektiv, da f surjektiv und injektiv.

Bild 1-16

Umkehrabbildung (inverse Abbildung)

Bei einer injektiven Abbildung besitzt jeder Bildpunkt ein anderes Argument. Ist die Abbildung außerdem noch surjektiv, stimmt also der Wertebereich mit der Bildmenge überein, so läßt sich diese Zuordnung umkehren, indem man zu jedem Element aus dem Wertebereich das entsprechende Element aus dem Definitionsbereich angibt.

(3.5) Definition

Sei $f : A \rightarrow B$ eine bijektive Abbildung. Dann bezeichnet man die Abbildung, die jedem $y \in B$ genau ein $x \in A$ mit $y = f(x)$ zuordnet, als die Umkehrabbildung

$$f^{-1} : B \rightarrow A.$$

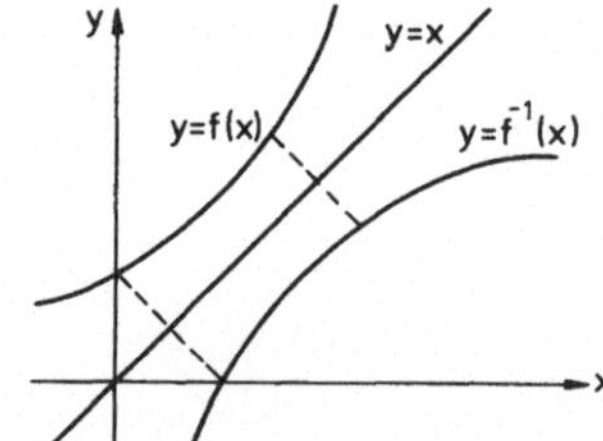

Bemerkung

(a) Man erhält die Umkehrabbildung graphisch, indem man $f(x)$ an der Geraden $y = x$ spiegelt (Bild 1-17).

Bild 1-17

(b) Man erhält die Umkehrabbildung analytisch, indem man die Gleichung $y = f(x)$ nach x auflöst (falls möglich!) und dann x und y vertauscht.
Eine solche Vertauschung darf man jedoch keinesfalls durchführen, wenn x und y eine ökonomische Bedeutung zukommt. Bezeichnet etwa x die von einer bestimmten Ware abgesetzte Menge und $y = f(x)$ den Umsatz, so würde ein derartiger Schritt natürlich zu Fehlinterpretationen führen.

(c) Für die Umkehrabbildung f gelten die Gleichungen

$$(f^{-1})^{-1} = f, \quad (f^{-1} \circ f)(x) = x, \quad (f \circ f^{-1})(x) = x.$$

Beispiel

$$f : \mathbb{IR} \to \mathbb{IR}, \quad f(x) = 2x + 1$$

Aus der Gleichung $y = 2x + 1$ erhält man
$x = \dfrac{y-1}{2}$, und durch Vertauschung von x und
y ergibt sich (Bild 1-18):

$$y = \frac{x-1}{2} = f^{-1}(x).$$

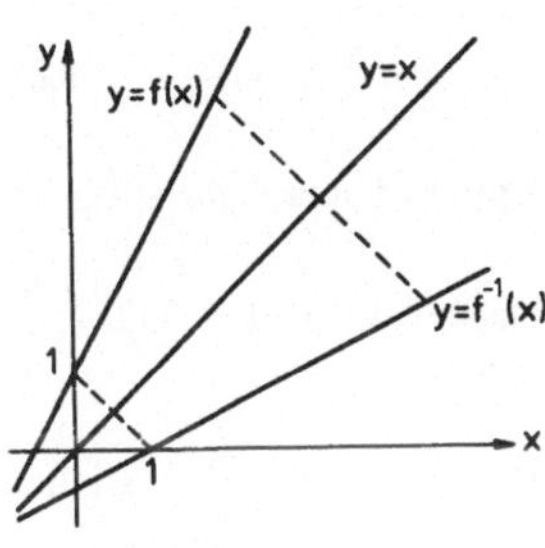

Bild 1-18

Wie man leicht sieht, gilt dabei:

$$(f^{-1} \circ f)(x) = f^{-1}(f(x)) = f^{-1}(2x + 1) = \frac{2x + 1 - 1}{2} = x \text{ und}$$

$$(f \circ f^{-1})(x) = f(f^{-1}(x)) = f\left(\frac{x-1}{2}\right) = \frac{2(x-1)}{2} + 1 = x.$$

§ 4 Rechenregeln für reelle Zahlen

Die Menge $\mathbb{IR}$ der reellen Zahlen ist so konstruiert, daß in ihr die Ausführung der
vier Grundrechenarten möglich ist. Für je zwei Zahlen $a, b \in \mathbb{IR}$ ist also auch

$$a + b \in \mathbb{IR} \quad \text{(Addition)}$$
$$a - b \in \mathbb{IR} \quad \text{(Subtraktion)}$$
$$a \cdot b \in \mathbb{IR} \quad \text{(Multiplikation)}$$
$$\text{für } b \neq 0 : \frac{a}{b} \in \mathbb{IR} \quad \text{(Division)}$$

Dabei sind die bekannten Regeln bezüglich der Vertauschbarkeit der Zahlen und der
Klammermultiplikation (Assoziativität, Kommutativität, Distributivität) erfüllt.
Um die Darstellung einer Summe oder eines Produkts von endlich vielen Zahlen zu
vereinfachen, benützt man häufig die Symbole Σ (Sigma) und Π (Pi).

Das Summenzeichen Σ

(4.1) Definition

Die Summe der reellen Zahlen $a_m, \ldots, a_n$ kann man abkürzen in der Form

$$a_m + a_{m+1} + \ldots + a_n = \sum_{i=m}^{n} a_i$$

(sprich: Summe der a_i für $i = m$ bis n).

Dabei heißen i Laufindex, m unterer und n oberer Summationsindex ($i, m, n \in \mathbf{Z}$; $m \leqslant n$).

Der Ausdruck $\displaystyle\sum_{i=m}^{n} a_i$ stellt also eine Anweisung dar, die Summe der Zahlen a_i zu bilden, wobei i alle ganzen Zahlen von m bis n durchläuft. Natürlich kann man statt der hier verwendeten Indices i, m, n beliebige andere Buchstaben verwenden.

Häufig tritt der Spezialfall einer Summe $\displaystyle\sum_{i=1}^{n} a_i$ oder $\displaystyle\sum_{i=0}^{n} a_i$ auf.

Beispiele

(1) $\displaystyle 1 + 2 + 3 + \ldots + n = \sum_{i=1}^{n} i.$

$\underset{a_1}{\uparrow}\ \underset{a_2}{\uparrow}\ \underset{a_3}{\uparrow}\ \qquad \underset{a_n}{\uparrow}$

(2) $\displaystyle \frac{1}{2 \cdot 3} + \frac{1}{3 \cdot 4} + \ldots + \frac{1}{10 \cdot 11} = \sum_{i=2}^{10} \frac{1}{i(i+1)}.$

Hierbei lautet das allgemeine Bildungsgesetz:

$$a_i = \frac{1}{i(i+1)} \quad (i = 2, \ldots, 10).$$

(3) $\displaystyle 1 - 3 + 5 - 7 + \ldots - 99 = \sum_{i=1}^{50} (-1)^{i+1} (2i - 1).$

Ungerade Zahlen kann man darstellen durch die Formel $(2i - 1)$, einen Vorzeichenwechsel durch die Formel $(-1)^{i+1}$; es ergibt sich also:

$$a_i = (-1)^{i+1} (2i - 1) \quad (i = 1, \ldots, 50).$$

Für das Rechnen mit Summen gelten allgemein folgende Regeln:

(4.2) Satz

(a) $\displaystyle\sum_{i=1}^{n} c = n \cdot c \quad (c = \text{const.});$

(b) $\displaystyle\sum_{i=m}^{n} (a_i \pm b_i) = \sum_{i=m}^{n} a_i \pm \sum_{i=m}^{n} b_i;$

(c) $\displaystyle\sum_{i=m}^{n} ca_i = c \sum_{i=m}^{n} a_i \quad (c \in \mathbb{R});$

(d) $\displaystyle\sum_{i=m}^{n} a_i = \sum_{i=m}^{k} a_i + \sum_{i=k+1}^{n} a_i \quad (m \leqslant k \leqslant n-1);$

(e) $\displaystyle\sum_{i=m}^{n} a_i = \sum_{i=m+k}^{n+k} a_{i-k}.$

Die Gültigkeit dieser Regeln kann man sofort erkennen, wenn man die einzelnen Summen ausführlich hinschreibt. Wir wollen dies stellvertretend für Regel (a) tun:

$$\sum_{i=1}^{n} c = \underbrace{c + c + \ldots + c}_{\text{n-mal}} = nc.$$

Bei vielen für die Praxis wichtigen Problemen treten doppelt indizierte Summanden a_{ij} auf. In diesem Falle kann man eine sogenannte Doppelsumme bilden, indem man über beide Indices summiert.

(4.3) Definition

Gegeben seien die Zahlen $a_{11}, \ldots, a_{mn} \in \mathbb{R}$. Dann bezeichnet man die folgende Summe

$$\sum_{i=1}^{m} \sum_{j=1}^{n} a_{ij} = \sum_{j=1}^{n} a_{1j} + \ldots + \sum_{j=1}^{n} a_{mj} =$$
$$= (a_{11} + \ldots + a_{1n}) + \ldots + (a_{m1} + \ldots + a_{mn})$$

als Doppelsumme.

Beispiel

Ein Betrieb verbraucht 8 Rohstoffe. Der Verbrauch an Rohstoffen in Geldeinheiten (GE) pro Monat sei dabei gemäß folgender Tabelle gegeben:

	Jan.	Febr.	...	Dez.	
1	$a_{1,1}$	$a_{1,2}$	...	$a_{1,12}$	$\displaystyle\sum_{j=1}^{12} a_{1,j}$
Rohstoffe 2	$a_{2,1}$	$a_{2,2}$	...	$a_{2,12}$	$\displaystyle\sum_{j=1}^{12} a_{2,j}$ Jahresverbrauch von Rohstoff i
8	$a_{8,1}$	$a_{8,2}$	...	$a_{8,12}$	$\displaystyle\sum_{j=1}^{12} a_{8,j}$
	$\displaystyle\sum_{i=1}^{8} a_{i,1}$	$\displaystyle\sum_{i=1}^{8} a_{i,2}$	...	$\displaystyle\sum_{i=1}^{8} a_{i,12}$	$\displaystyle\sum_{i=1}^{8}\sum_{j=1}^{12} a_{i,j}$

Verbrauch pro Monat j   Gesamt-verbrauch

Für Doppelsummen sind die zu Satz (4.2) analogen Rechenregeln erfüllt. Dabei gilt insbesondere:

$$\sum_{i=1}^{m} \sum_{j=1}^{n} a_{ij} = \sum_{j=1}^{n} \sum_{i=1}^{m} a_{ij} ;$$

es ist also gleichgültig, ob zuerst über die Indices i oder j summiert wird.

Das Produktzeichen Π

In Analogie zum Summenzeichen setzen wir:

(4.4) Definition

Das Produkt der reellen Zahlen $a_m, \ldots, a_n$ $(m \leqslant n)$ kann man abkürzen in der Form

$$a_m \cdot a_{m+1} \cdot \ldots \cdot a_n = \prod_{i=m}^{n} a_i$$

(sprich: Produkt der a_i für i = m bis n).

Einen wichtigen Spezialfall stellt das Produkt

$$a^n = \prod_{i=1}^{n} a \quad \text{für } n \in \mathbb{N} \quad \text{und } a^0 = 1$$

dar. Für eine beliebige reelle Zahl bezeichnen wir a^n als die n-te Potenz von a. Dabei heißt a Basis und die Hochzahl n Exponent.
Wir wollen nun noch kurz die aus der Arithmetik bekannten Rechenregeln für Potenzen wiederholen.

(4.5) Satz

Es seien a, b $\in \mathbb{R}$ und n, m $\in \mathbb{Z}$. Dann gilt:

(a) $a^n \cdot a^m = a^{n+m}$;

(b) $(a^n)^m = a^{n \cdot m}$;

(c) $\dfrac{a^n}{a^m} = a^{n-m}$ für $a \neq 0$;

(d) $\dfrac{1}{a^m} = a^{-m}$ für $a \neq 0$;

(e) $a^n b^n = (ab)^n$.

Diese Regeln sind auch dann gültig, wenn man den Begriff der Potenz auf reellwertige Exponenten verallgemeinert.
Das Wurzelziehen kann man als die Umkehrung des Potenzierens auffassen. Für jede positive reelle Zahl und jedes $n \in \mathbb{N}$ setzt man:

$$a^{\frac{1}{n}} = \sqrt[n]{a}.$$

Es gilt dann auch $a^{\frac{m}{n}} = \sqrt[n]{a^m}$.
Wir wollen nun auch noch die Formel für die Lösung einer quadratischen Gleichung

$$ax^2 + bx + c = 0$$

mit a, b, c $\in \mathbb{R}$ und $a \neq 0$ angeben. Es gibt hierbei zwei Lösungen x_1 und x_2 gemäß

$$x_{1,2} = \frac{-b \pm \sqrt{b^2 - 4ac}}{2a}, \quad \text{falls } b^2 - 4ac \geqslant 0.$$

Im Falle von $b^2 - 4ac < 0$ existiert keine reellwertige Lösung.

§ 5 Ungleichungen und beschränkte Mengen

Die Menge $\mathbb{R}$ der reellen Zahlen kann man sich auf einer sogenannten Zahlengeraden geometrisch veranschaulichen. Jeder Punkt auf dieser Geraden stellt eine reelle Zahl dar (Bild 1-19).

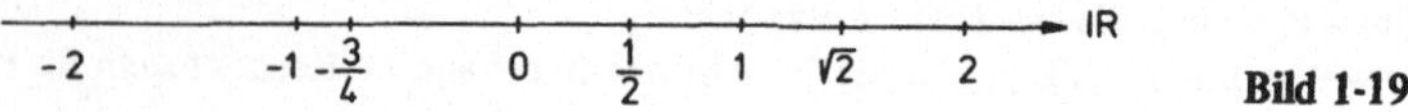

Bild 1-19

Von je zwei voneinander verschiedenen reellen Zahlen a, b ist entweder a kleiner als b oder a größer als b. Wir führen dazu folgende Bezeichnungen ein.

(5.1) Definition

Seien $a, b \in \mathbb{R}$. Dann sagen wir:

(a) $a < b$ bedeutet : a kleiner als b (Bild 1-20);
(b) $a > b$ bedeutet : a größer als b (Bild 1-21);
(c) $a \leq b$ bedeutet : a kleiner als b oder $a = b$;
(d) $a \geq b$ bedeutet : a größer als b oder $a = b$.

Ausdrücke dieser Form heißen Ungleichungen.

Für das Rechnen mit Ungleichungen ergeben sich folgende Regeln:

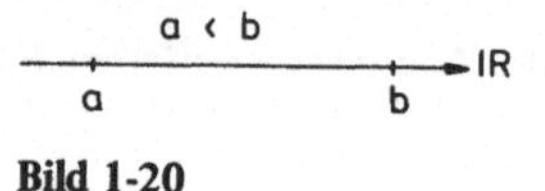

Bild 1-20   Bild 1-21

(5.2) Satz

Seien $a, b, c, d \in \mathbb{R}$. Dann gilt:

(a) Aus $a < b$ folgt : $a + c < b + c$;
(b) Aus $a < b$ und $c \leq d$ folgt : $a + c < b + d$;
(c) Aus $a < b$ folgt : $ac < bc$ für $c > 0$
$$ac > bc \text{ für } c < 0;$$
(d) Aus $a < b$ folgt : $\dfrac{1}{a} > \dfrac{1}{b}$ für $ab > 0$

$$\dfrac{1}{a} < \dfrac{1}{b} \text{ für } ab < 0;$$

(e) Aus $0 < a < b$ folgt : $a^n < b^n$ bzw.
$$\sqrt[n]{a} < \sqrt[n]{b} \text{ für alle } n \in \mathbb{N}.$$

Diese Rechenregeln kann man insbesondere dazu benützen, eine gegebene Ungleichung nach einer Unbekannten aufzulösen und dadurch die Menge aller Punkte zu bestimmen, die diese Ungleichung erfüllen.

Beispiel

Gegeben sei die Ungleichung

$$(x - 1)(x - 2) < x^2 - 1.$$

Wir formen nun diese Ungleichung unter Verwendung von Satz (5.2) so um, daß auf der linken Seite nur noch x steht.

Rechenregeln nach Satz (5.2)

$$
\begin{array}{lll}
(x-1)(x-2) < x^2 - 1 & \\
x^2 - 3x + 2 < x^2 - 1 & \text{(a) Addition von } -x^2 \\
-3x + 2 < -1 & \text{(a) Addition von } -2 \\
-3x < -3 & \text{(c) Multiplikation mit } -\frac{1}{3} \\
x > 1 &
\end{array}
$$

Die Menge L aller Punkte, die die gegebene Ungleichung erfüllen, hat also die Gestalt

$$L = \{x \,|\, x \in \mathbb{R} \wedge (x-1)(x-2) < x^2 - 1\} = \{x \,|\, x \in \mathbb{R} \wedge x > 1\}.$$

Intervalle

Vor allem in den Wirtschaftswissenschaften treten häufig Probleme auf, bei denen eine bestimmte Größe nur Werte innerhalb gewisser Grenzen annehmen darf. Dies ist beispielsweise dann der Fall, wenn der Lagerbestand einer Ware aus produktionstechnischen Gründen ein unteres Niveau a nicht unterschreiten und aus Kostengründen nicht über einer oberen Marke b liegen darf. Man drückt dies aus durch die doppelte Ungleichung $a \leqslant x \leqslant b$.
Teilmengen von $\mathbb{R}$, die man mit Hilfe doppelter Ungleichungen beschreiben kann, nennt man auch Intervalle.

(5.3) Definition

Seien $a, b \in \mathbb{R}$. Dann heißen folgende Teilmengen von $\mathbb{R}$

Endliche Intervalle:

(a) $(a, b) = \{x \,|\, x \in \mathbb{R} \wedge a < x < b\}$ offenes Intervall;
(b) $[a, b) = \{x \,|\, x \in \mathbb{R} \wedge a \leqslant x < b\}$ rechtsoffenes Intervall;
(c) $(a, b] = \{x \,|\, x \in \mathbb{R} \wedge a < x \leqslant b\}$ linksoffenes Intervall;
(d) $[a, b] = \{x \,|\, x \in \mathbb{R} \wedge a \leqslant x \leqslant b\}$ abgeschlossenes Intervall.

Unendliche Intervalle:

(a) $[a, \infty) = \{x \,|\, x \in \mathbb{R} \wedge a \leqslant x < \infty\}$ bzw. (a, ∞) rechtsseitig unendliches Intervall;
(b) $(-\infty, b] = \{x \,|\, x \in \mathbb{R} \wedge -\infty < x \leqslant b\}$ bzw. $(-\infty, b)$ linksseitig unendliches Intervall;
(c) $\mathbb{R} = (-\infty, +\infty)$, $\mathbb{R}_+ = [0, \infty)$, $\mathbb{R}_- = (-\infty, 0]$.

Dabei stellt das Zeichen „∞" (= Unendlich) ein Symbol für eine beliebig große reelle Zahl dar.

Wir wollen nun diese Intervalle auf der Zahlengeraden graphisch darstellen (Bild 1-22).
Dabei soll jeweils durch einen Pfeil angedeutet werden, daß der betreffende Eck-
punkt nicht zum Intervall gehört.

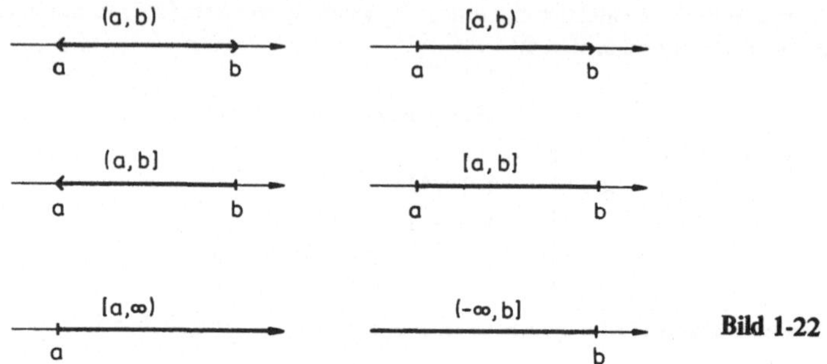

Bild 1-22

Absolutbeträge

Die Differenz a − b zweier Zahlen a, b ∈ IR, die man auch als die Entfernung zwischen
a und b interpretieren kann, ist positiv, falls a ⩾ b und negativ, falls a < b. In der
Regel bezeichnet man jedoch nur den positiven Abstand zwischen zwei Zahlen als
deren Entfernung. Zahlenausdrücke, bei denen man unabhängig vom Vorzeichen nur
an der Größe interessiert ist, kann man mit Hilfe des Absolutbetrages einfach und
übersichtlich darstellen.

(5.4) Definition

Für den Absolutbetrag |a| einer Zahl a ∈ IR gilt:

$$|a| = \begin{cases} a, & \text{falls } a \geqslant 0 \\ -a, & \text{falls } a < 0. \end{cases}$$

Geometrisch stellt der Absolutbetrag |a| den Abstand von a zum Nullpunkt auf der
Zahlengeraden dar (Bild 1-23).

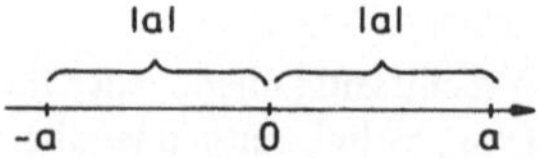

Bild 1-23

Für das Rechnen mit Absolutbeträgen gelten folgende Rechenregeln:

(5.5) Satz

Es seien $a, b \in \mathbb{R}$. Dann gilt:

(a) $|a| \geqslant 0$, $|a| = 0 \Leftrightarrow a = 0$;

(b) $a \leqslant |a|$, $-a \leqslant |a|$;

(c) $|a|^2 = a^2$;

(d) $\sqrt{a^2} = |a|$;

(e) $|ab| = |a| \cdot |b|$;

(f) $|a + b| \leqslant |a| + |b|$ (Dreiecksungleichung).

Beispiele

(1) Für $a = 2$ und $b = 5$ ist

$|a - b| = |2 - 5| = |-3| = 3$ (Bild 1-24).

$$|2-5|=3$$

Bild 1-24

(2) Von besonderer Bedeutung ist die Menge aller $x \in \mathbb{R}$, die die Ungleichung $|x - a| < \epsilon$ für $\epsilon > 0$ und $a \in \mathbb{R}$ erfüllen. Um diese Menge zu bestimmen, lösen wir das Betragszeichen auf. Wir unterscheiden dabei:

1. Fall: Für $x - a \geqslant 0$ ist $|x - a| = x - a < \epsilon$, woraus sich $x < a + \epsilon$ ergibt.

2. Fall: Für $x - a < 0$ ist $|x - a| = -(x - a) = -x + a < \epsilon$. Daraus folgt dann $-x < -a + \epsilon$ und $x > a - \epsilon$.

Insgesamt erhalten wir die doppelte Ungleichung:

$$a - \epsilon < x < a + \epsilon.$$

Man bezeichnet diese Menge auch als die ϵ-Umgebung $U_\epsilon(a)$ eines Punktes a. Es gilt also:

$$U_\epsilon(a) = \{x \mid x \in \mathbb{R} \wedge |x - a| < \epsilon\} = (a - \epsilon, a + \epsilon).$$

Beschränkte Teilmengen in $\mathbb{R}$

Die Berechnung von Extremwerten besteht darin, ein „größtes" bzw. „kleinstes" Element einer bestimmten Menge zu ermitteln. In diesem Zusammenhang sind vor allem die folgenden Begriffe besonders wichtig.

(5.6) Definition

Sei $A \subset \mathbb{R}$. Dann heißt:

(a) A nach *unten beschränkt,* wenn ein $s \in \mathbb{R}$ existiert, so daß für alle $a \in A$ gilt: $s \leqslant a$.

s heißt untere Schranke (u. S.) von A.

(b) A nach *oben beschränkt,* wenn es ein $t \in \mathbb{R}$ gibt, so daß für alle $a \in A$ gilt: $a \leqslant t$.

t heißt obere Schranke (o. S.) von A.

(c) A *beschränkt*, falls A nach oben und unten beschränkt ist.

Beispiele

(1) $A = (-1, 10]$

Obere und untere Schranken sind z. B.

o.S. 100; 45; 10,2; 10

u.S. -50; -10; $-1,5$; -1

A ist also beschränkt.

(2) $A = [0, \infty)$

Hierbei existiert keine obere Schranke; untere Schranken sind z. B. die Zahlen $-5; -0,5; 0$. A ist also nur nach unten beschränkt.

(3) $A = \{\ldots, -2, -1, 0, 1, 2, \ldots\}$

Es existieren keine oberen und unteren Schranken; A ist also weder nach oben noch nach unten beschränkt.

(5.7) Definition

Sei $A \subset \mathbb{R}$ mit $A \neq \emptyset$. Dann bezeichnet man als

(a) *Infimum* s^* die größte untere Schranke von A; in Zeichen: $s^* = \inf A$.
Falls $s^* \in A$, dann heißt s^* Minimum von A:

$$s^* = \min A\,(= \inf A).$$

(b) *Supremum* t^* die kleinste obere Schranke von A; in Zeichen: $t^* = \sup A$.
Falls $t^* \in A$, dann heißt t^* Maximum von A:

$$t^* = \max A\,(= \sup A).$$

Beispiele

(1) $A = (-1, 10]$

$t^* = \sup A = 10, \quad s^* = \inf A = -1;$

$t^* = 10 \in A \Rightarrow t^* = \max A;$

$s^* = -1 \notin A \Rightarrow$ es existiert kein Minimum.

(2) $A = [0, \infty)$
   $s^* = \inf A = 0, \quad t^* = \sup A$ existiert nicht;
   $s^* = 0 \in A \Rightarrow \min A = 0$.

(3) $A = \mathbb{Z}$

Hierbei existieren weder $\inf A$ noch $\sup A$ und deshalb auch nicht $\min A$ und $\max A$.

§ 6 Folgen und Reihen

Folgen und Reihen sind besonders geeignet zur Beschreibung ökonomischer Vorgänge, die sich über mehrere Perioden erstrecken. Insbesondere ist der Begriff des Grenzwertes einer Folge von grundlegender Bedeutung für den Aufbau der Differential- und Integralrechnung.
Unter einer Folge verstehen wir eine beliebige Menge von reellen Zahlen, deren Reihenfolge durch einen fortlaufenden Index festgelegt ist.

(6.1) Definition

Sei $f : \mathbb{N} \to \mathbb{R}$ eine Abbildung. Dann wird durch die Vorschrift

$$n \to f(n) = a_n$$

eine Folge $a_1, a_2, a_3, \ldots$ definiert.
Abkürzend schreiben wir:

$$(a_n)_{n \in \mathbb{N}} = (a_1, a_2, a_3, \ldots).$$

a_n heißt das n-te Glied der Folge $(a_n)_{n \in \mathbb{N}}$.

Beispiele
(1) Eine Folge wird in der Regel eindeutig festgelegt durch die Angabe eines allgemeinen Gliedes in Form eines analytischen Zahlenausdrucks:

$$a_n = 2n - 1 \qquad (a_n)_{n \in \mathbb{N}} = (1, 3, 5, 7, \ldots)$$
$$a_n = 1 \qquad (a_n)_{n \in \mathbb{N}} = (1, 1, 1, 1, \ldots)$$
$$a_n = (-1)^{n+1} \cdot \frac{1}{n} \quad (a_n)_{n \in \mathbb{N}} = \left(1, -\frac{1}{2}, \frac{1}{3}, -\frac{1}{4}, \ldots\right).$$

(2) Ist bei einer Folge das Bildungsgesetz in der Weise festgelegt, daß der Wert des allgemeinen Gliedes a_n davon abhängt, welche Werte vorhergehende Folgenglieder $a_{n-1}, a_{n-2}, \ldots, a_1$ annehmen, so spricht man von einer *rekursiv* definierten Folge. Wir betrachten dazu etwa das Modell eines Marktes für eine bestimmte Ware, bei dem der Preis a_n für die n-te Periode abhängt von den Preisen a_{n-1} und a_{n-2} für die beiden vorhergehenden Perioden wie folgt:

$$a_n = a_{n-1} + \frac{1}{2}(a_{n-1} - a_{n-2}).$$

Je nach Wahl der Anfangswerte entstehen dann verschiedene Folgen.
Bei $a_1 = 10$, $a_2 = 6$ ergibt sich

$$a_3 = 6 + \frac{1}{2}(6 - 10) = 4$$

$$a_4 = 4 + \frac{1}{2}(4 - 6) = 3$$

$$a_5 = 3 + \frac{1}{2}(3 - 4) = 2,5$$
.
.
.

Es gilt also: $(a_n)_{n \in \mathbb{N}} = (10; 6; 4; 3; 2,5; \ldots)$.

Bei $a_1 = 6$, $a_2 = 10$ erhält man auf analoge Weise die Folge $(a_n)_{n \in \mathbb{N}} = (6; 10; 12; 13; 13,5; \ldots)$.

Dagegen ergibt sich für das Bildungsgesetz

$$a_n = a_{n-1} + 2(a_{n-1} - a_{n-2})$$

bei den Anfangswerten $a_1 = 6$, $a_2 = 10$ die Folge

$$(a_n)_{n \in \mathbb{N}} = (6; 10; 18; 34; 66; \ldots).$$

Zwei häufig vorkommende Spezialfälle von Folgen sind die sogenannten arithmetischen und geometrischen Folgen.

(6.2) Definition

Eine Folge $(a_n)_{n \in \mathbb{N}}$ bezeichnet man als

(a) *arithmetische* Folge, wenn die Differenz von je zwei aufeinanderfolgenden Gliedern konstant ist, d. h. wenn für alle $n \in \mathbb{N}$ gilt:

$$a_{n+1} - a_n = d;$$

(b) *geometrische* Folge, wenn der Quotient von je zwei aufeinanderfolgenden Gliedern konstant ist, d. h. wenn für alle $n \in \mathbb{N}$ gilt:

$$\frac{a_{n+1}}{a_n} = q.$$

Beispiele

(1) $a_n = 2n - 1$ ist arithmetisch wegen

$$a_{n+1} - a_n = (2(n + 1) - 1) - (2n - 1) = 2.$$

(2) $a_n = \left(-\frac{1}{2}\right)^{n-1}$ ist geometrisch wegen

$$\frac{a_{n+1}}{a_n} = \frac{\left(-\frac{1}{2}\right)^n}{\left(-\frac{1}{2}\right)^{n-1}} = -\frac{1}{2}.$$

Bemerkung: Arithmetische und geometrische Folgen sind eindeutig bestimmt durch die Angabe eines Anfangsgliedes a und einer Konstanten d bzw. q.

Man erhält dann:

$$a_n = a + (n-1)\,d, \quad (a_n)_{n \in \mathbb{N}} = (a, a+d, a+2d, a+3d, \ldots)$$
$$a_n = aq^{n-1}, \quad (a_n)_{n \in \mathbb{N}} = (a, aq, aq^2, aq^3, \ldots).$$

Grenzwerte von Folgen

Bei vielen mathematischen Problemen ist es notwendig, das Verhalten einer Folge zu untersuchen, wenn der Index gegen Unendlich strebt ($n \to \infty$). Wir sagen:

(6.3) Definition

Eine Folge $(a_n)_{n \in \mathbb{N}}$ heißt konvergent gegen einen Grenzwert $a \in \mathbb{R}$, wenn in jeder ϵ-Umgebung $U_\epsilon(a) = (a - \epsilon, a + \epsilon)$ fast alle Glieder der Folge liegen (d. h. alle bis auf endlich viele Ausnahmen).

Wir schreiben: $a = \lim\limits_{n \to \infty} a_n$ bzw. $a_n \underset{n \to \infty}{\to} a$.

Die Folge $(a_n)_{n \in \mathbb{N}}$ heißt divergent, falls sie nicht konvergent ist.

Zur Erläuterung dieser Definition wollen wir uns eine konvergente Folge auf der Zahlengeraden veranschaulichen (Bild 1-25):

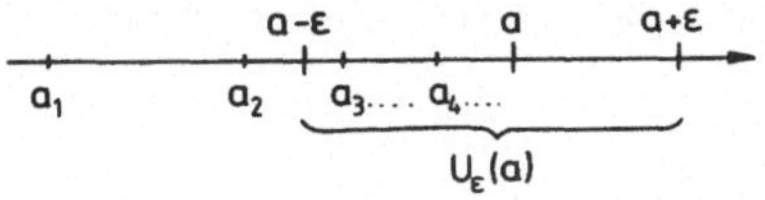

Bild 1-25

Beispiele

(1) Die Folge $a_n = \frac{1}{n}$ besitzt den Grenzwert $a = 0$, da jede ϵ-Umgebung $U_\epsilon(0)$ alle Folgenglieder – mit Ausnahme von jeweils endlich vielen – enthält.

    Für $\epsilon = \frac{1}{10}$ ist z. B. $a_n \in U_{\frac{1}{10}}(0) = \left(-\frac{1}{10}, \frac{1}{10}\right)$ für $n > 10$.

    Allgemein gilt für jedes $\epsilon > 0$:

$$a_n \in U_\epsilon(0) = (-\epsilon, \epsilon) \text{ für } n > \frac{1}{\epsilon}.$$

(2) Die Folge $a_n = 1$ besitzt den Grenzwert $a = 1$, da jede ϵ-Umgebung $U_\epsilon(1)$ alle Folgenglieder enthält, d. h.

$$a_n \in U_\epsilon(1) = (1 - \epsilon, 1 + \epsilon) \text{ für alle } n \in \mathbb{N}.$$

(3) Die alternierende (vorzeichenwechselnde) Folge $a_n = (-1)^n$ mit $(a_n)_{n \in \mathbb{N}} = (-1, 1, -1, 1, \ldots)$ ist divergent. Nimmt man nämlich an, daß die Folge gegen den Grenzwert $a = 1$ konvergiert, so gilt z. B. für $\epsilon = \frac{1}{10}$:

$$a_n \in U_\epsilon(1), \text{ falls } n \text{ geradzahlig und}$$
$$a_n \notin U_\epsilon(1), \text{ falls } n \text{ ungeradzahlig.}$$

Es sind also unendlich viele Folgenglieder außerhalb von $U_\epsilon(1)$.

Für den zweiten möglichen Grenzwert $a = -1$ gelten die analogen Überlegungen.

Einige wichtige Eigenschaften konvergenter Folgen, die die praktische Berechnung von Grenzwerten erleichtern können, enthält der folgende

(6.4) Satz

Es seien $(a_n)_{n \in \mathbb{N}}$ und $(b_n)_{n \in \mathbb{N}}$ Folgen mit $a_n \to a$ und $b_n \to b$. Dann gilt:

(a) $\lim\limits_{n \to \infty} (a_n \pm b_n) = \lim\limits_{n \to \infty} a_n \pm \lim\limits_{n \to \infty} b_n = a \pm b$;

(b) $\lim\limits_{n \to \infty} (ca_n) = c \cdot \lim\limits_{n \to \infty} a_n = ca$ für $c \in \mathbb{R}$;

(c) $\lim\limits_{n \to \infty} (a_n \cdot b_n) = \lim\limits_{n \to \infty} a_n \cdot \lim\limits_{n \to \infty} b_n = ab$;

(d) $\lim\limits_{n \to \infty} \dfrac{a_n}{b_n} = \dfrac{\lim\limits_{n \to \infty} a_n}{\lim\limits_{n \to \infty} b_n} = \dfrac{a}{b}$, falls $b = \lim\limits_{n \to \infty} b_n \neq 0$.

Beispiel

$$a_n = \frac{n^5 + n^2 + 1}{2n^5 - 3}.$$

Zur Berechnung des Grenzwertes dieser Folge formen wir zunächst a_n um, indem wir Zähler und Nenner durch die im Nenner stehende höchste Potenz von n kürzen. Es ergibt sich dabei:

$$a_n = \frac{n^5 + n^2 + 1}{2n^5 - 3} \cdot \frac{\left(\dfrac{1}{n^5}\right)}{\left(\dfrac{1}{n^5}\right)} = \frac{1 + \dfrac{1}{n^3} + \dfrac{1}{n^5}}{2 - \dfrac{3}{n^5}}.$$

Durch Anwendung von Satz (6.4) erhalten wir dann:

$$\lim_{n \to \infty} a_n \underset{\substack{\uparrow \\ (d)}}{=} \frac{\lim\limits_{n \to \infty} \left(1 + \dfrac{1}{n^3} + \dfrac{1}{n^5}\right)}{\lim\limits_{n \to \infty} \left(2 - \dfrac{3}{n^5}\right)} =$$

$$= \underset{\substack{\uparrow \\ (a)}}{} \frac{\lim\limits_{n \to \infty} 1 + \lim\limits_{n \to \infty} \dfrac{1}{n^3} + \lim\limits_{n \to \infty} \dfrac{1}{n^5}}{\lim\limits_{n \to \infty} 2 - \lim\limits_{n \to \infty} \dfrac{3}{n^5}} =$$

$$= \frac{1 + 0 + 0}{2 - 0} = \frac{1}{2}.$$

Hat man aufgrund irgendwelcher Überlegungen eine Vermutung über den möglichen Grenzwert a einer Folge a_n, so kann man diese mit Hilfe von Definition (6.3) überprüfen. Liegt jedoch keine derartige Information vor, so muß man versuchen, aus zusätzlichen Eigenschaften der Folge Rückschlüsse auf das Konvergenzverhalten zu ziehen. Einige solcher Eigenschaften fassen wir zusammen in

(6.5) Definition

Eine Folge $(a_n)_{n \in \mathbb{N}}$ heißt

(a) nach oben bzw. nach unten *beschränkt,* wenn ein $c \in \mathbb{R}$ existiert, so daß für alle $n \in \mathbb{N}$ gilt:

$$a_n \leqslant c \ \text{ bzw. } \ a_n \geqslant c;$$

(b) monoton bzw. streng monoton *wachsend,* wenn für alle $n \in \mathbb{N}$ gilt

$$a_n \leqslant a_{n+1} \ \text{ bzw. } \ a_n < a_{n+1};$$

(c) monoton bzw. streng monoton *fallend,* wenn alle $n \in \mathbb{N}$ gilt:

$$a_n \geqslant a_{n+1} \ \text{ bzw. } \ a_n > a_{n+1}.$$

Wir halten dann folgendes Konvergenzkriterium fest:

(6.6) Satz

Eine Folge $(a_n)_{n \in \mathbb{N}}$ ist konvergent, wenn sie
(a) monoton fallend und nach unten beschränkt ist;
(b) monoton wachsend und nach oben beschränkt ist.

Beispiel

$$a_n = \frac{n}{2^n}, \ (a_n)_{n \in \mathbb{N}} = \left(\frac{1}{2}, \frac{1}{2}, \frac{3}{8}, \frac{1}{4}, \dots \right).$$

$(a_n)_{n \in \mathbb{N}}$ ist monoton fallend, da gilt:

$$a_n \geqslant a_{n+1} \iff \frac{n}{2^n} \geqslant \frac{n+1}{2^{n+1}} = \frac{n+1}{2^n \cdot 2}$$

$$\iff n \geqslant \frac{n+1}{2}$$

$$\iff n \geqslant 1$$

$(a_n)_{n \in \mathbb{N}}$ ist nach unten beschränkt, da für alle $n \in \mathbb{N}$ gilt:

$$a_n \geqslant 0.$$

Die Folge ist also konvergent.

Endliche und unendliche Reihen

Reihen spielen sowohl innerhalb der Mathematik als auch bei der Lösung vieler Probleme in der Praxis eine bedeutende Rolle. Eine Reihe erhält man durch Addition der Glieder einer gegebenen Zahlenfolge. Dabei unterscheiden wir:

(6.7) Definition

Sei $(a_n)_{n \in \mathbb{N}}$ eine Folge. Dann bezeichnet man
(a) den Ausdruck

$$a_1 + a_2 + a_3 + \ldots = \sum_{i=1}^{\infty} a_i$$

als *unendliche Reihe*;

(b) die Summe der ersten n Folgenglieder

$$s_n = a_1 + \ldots + a_n = \sum_{i=1}^{n} a_i$$

als *endliche Reihe* bzw. n-te Partialsumme von $\displaystyle\sum_{i=1}^{\infty} a_i$.

Eine Summe $\displaystyle\sum_{i=1}^{\infty} a_i$ von unendlich vielen Gliedern hat natürlich nur dann einen Sinn,

wenn sie tatsächlich einen eindeutig bestimmten Summenwert besitzt. Zur Ermittlung eines solchen Summenwertes betrachten wir die Folge der Partialsummen

$$s_1 = a_1$$
$$s_2 = a_1 + a_2$$
$$s_3 = a_1 + a_2 + a_3$$
$$\vdots$$
$$s_n = a_1 + a_2 + a_3 + \ldots + a_n$$

Wir sagen dann

(6.8) Definition

Die unendliche Reihe $\displaystyle\sum_{i=1}^{\infty} a_i$ heißt konvergent, wenn die Folge der Partialsummen

$s_1, s_2, s_3, \ldots$ konvergiert. Den Grenzwert $s = \lim\limits_{n \to \infty} s_n$ bezeichnet man als die Summe der Reihe und schreibt:

$$s = \lim_{n \to \infty} \sum_{i=1}^{n} a_i = \sum_{i=1}^{\infty} a_i.$$

Existiert dagegen der Grenzwert $s = \lim\limits_{n \to \infty} s_n$ nicht, so hat die Reihe keine Summe, sie divergiert.

Wir wollen uns an dieser Stelle auf arithmetische und geometrische Reihen beschränken, also auf Reihen, die aus arithmetischen und geometrischen Folgen gebildet werden.

Bei einer endlichen arithmetischen Reihe ist also eine Summe der Form

$$s_n = \sum_{i=1}^{n} a_i = \sum_{i=1}^{n} [a + (i-1)\,d]$$

zu bilden. Zur Berechnung dieser Summe verwendet man das folgende C. F. Gauß zugeschriebene Schema. In der ersten Zeile steht dabei die ausführlich geschriebene Summe s_n und in der zweiten Zeile dieselbe Summe, wobei jedoch die Reihenfolge der einzelnen Glieder umgekehrt wird. Durch Addition der n Folgenglieder erhält man dann:

$$
\begin{array}{rl}
s_n = & a \quad + \quad (a+d) \quad + \ldots + \ (a+(n-1)\,d) \\
s_n = & (a+(n-1)\,d) \ + \ (a+(n-2)\,d) \ + \ldots + \quad a \\
\hline
2\,s_n = & (2\,a+(n-1)\,d) + (2\,a+(n-1)\,d) + \ldots + (2\,a+(n-1)\,d)
\end{array}
$$

Es gilt also:

$$2\,s_n = n\,(2\,a + (n-1)\,d) \quad \text{bzw.}$$

$$s_n = \sum_{i=1}^{n} [a + (i-1)\,d] = \frac{n}{2}\,(2\,a + (n-1)\,d).$$

Beispiele

(1) Bei der Summe der natürlichen Zahlen von 1 bis 100 ist $a = 1$, $d = 1$ und $n = 100$:

$$\sum_{i=1}^{100} i = \frac{100}{2}\,(2 + 99) = 50 \cdot 101 = 5\,050.$$

(2) Für die Summe der ersten n ungeraden natürlichen Zahlen ergibt sich wegen $a = 1$ und $d = 2$:

$$\sum_{i=1}^{n} (2\,i - 1) = \frac{n}{2}\,(2 + (n-1)\,2) = n^2.$$

Die Summe einer endlichen geometrischen Reihe

$$s_n = \sum_{i=1}^{n} a_i = \sum_{i=1}^{n} a q^{i-1}$$

berechnet man nach einem ähnlichen Schema, indem man von der Reihe s_n gliedweise die Reihe $q s_n$ subtrahiert:

$$
\begin{array}{rl}
s_n = & a + aq + aq^2 + \ldots + aq^{n-1} \\
-\,q s_n = & \quad -aq - aq^2 - \ldots - aq^{n-1} - aq^n \\
\hline
s_n - q s_n = & a + 0 + 0 + \ldots + 0 \quad - aq^n
\end{array}
$$

Es gilt also:

$$s_n - q s_n = (1 - q)\, s_n = a - a q^n \quad \text{bzw.}$$

$$s_n = \sum_{i=1}^{n} a q^{i-1} = a\,\frac{1 - q^n}{1 - q} \quad \text{für } q \neq 1.$$

Beispiele

(1) Bei der geometrischen Folge $a_n = 2^{n-1}$ ist $a = 1$ und $q = 2$; es gilt also:

$$\sum_{i=1}^{10} 2^{i-1} = \frac{1 - 2^{10}}{1 - 2} = \frac{1 - 1024}{-1} = 1023.$$

(2) Für die Summe $\displaystyle\sum_{i=1}^{n} \left(-\frac{1}{2}\right)^{i-1}$ gilt wegen $q = -\frac{1}{2}$ und $a = 1$:

$$\sum_{i=1}^{n} \left(-\frac{1}{2}\right)^{i-1} = \frac{1 - \left(-\frac{1}{2}\right)^n}{1 - \left(-\frac{1}{2}\right)} = \frac{1 - (-1)^n \cdot \frac{1}{2^n}}{\frac{3}{2}} = \begin{cases} \dfrac{2}{3}\left(1 - \dfrac{1}{2^n}\right) & \text{für n gerade} \\[2mm] \dfrac{2}{3}\left(1 + \dfrac{1}{2^n}\right) & \text{für n ungerade.} \end{cases}$$

Bei einer unendlichen geometrischen Reihe

$$a + aq + aq^2 + \ldots = \sum_{i=1}^{\infty} a q^{i-1}$$

wird die Summe gemäß Definition (6.8) mit Hilfe des Grenzwerts der n-ten Partialsummen

$$s_n = \sum_{i=1}^{n} a q^{i-1} = a\,\frac{1 - q^n}{1 - q}, \quad q \neq 1$$

berechnet. Wir erhalten dabei:

$$\sum_{i=1}^{\infty} a q^{i-1} = \lim_{n \to \infty} \sum_{i=1}^{n} a q^{i-1} = \lim_{n \to \infty} a\,\frac{1 - q^n}{1 - q} =$$

$$= \lim_{n \to \infty}\left(\frac{a}{1-q} - \frac{a q^n}{1-q}\right) = \lim_{n \to \infty} \frac{a}{1-q} - \frac{a}{1-q}\lim_{n \to \infty} q^n.$$

Wegen $q^n \to 0$ bei $|q| < 1$ konvergiert die unendliche Reihe, für $|q| \geq 1$ ist sie dagegen divergent. Es gilt also:

$$\sum_{i=1}^{\infty} a q^{i-1} = \frac{a}{1 - q} \quad \text{bei } |q| < 1.$$

Beispiele

(1) Für die Folge $a_n = \dfrac{1}{2^{n-1}}$ ist wegen $a = 1$ und $q = \dfrac{1}{2}$:

$$\sum_{i=1}^{\infty} \frac{1}{2^{i-1}} = \frac{1}{1 - \frac{1}{2}} = 2.$$

(2) Der periodische Dezimalbruch

$$0{,}555\ldots = \frac{5}{10} + \frac{5}{100} + \frac{5}{1000} + \ldots = \frac{5}{10}\left(1 + \frac{1}{10} + \frac{1}{100} + \ldots\right)$$

stellt eine unendliche geometrische Reihe dar mit $a = \dfrac{5}{10}$ und $q = \dfrac{1}{10}$. Durch Berechnung der Summe

$$\sum_{i=1}^{\infty} \frac{5}{10} \cdot \frac{1}{10^{i-1}} = \frac{\frac{5}{10}}{1 - \frac{1}{10}} = \frac{5}{9}$$

kann man diese Zahl in einen Bruch verwandeln.

Der Beweis durch vollständige Induktion

Der sogenannte *Induktionsbeweis* stellt eine Möglichkeit dar, die Gültigkeit einer von einer natürlichen Zahl n abhängigen Aussage zu beweisen. Ein solcher Beweis gliedert sich in drei Schritte:

1. Schritt: (Induktionsanfang)
Man zeigt, daß die zu beweisende Aussage für $n = 1$ (bzw. $n = m$) richtig ist.

2. Schritt: (Induktionsvoraussetzung)
Man nimmt an, daß die Aussage für eine beliebige Zahl $n = k$ $(k > m)$ gültig ist.

3. Schritt: (Induktionsschluß)
Man weist nach, daß bei Gültigkeit der Induktionsvoraussetzung die Aussage auch für die Zahl $n = k + 1$ richtig ist.

Damit hat man dann die Richtigkeit der Aussage für jede natürliche Zahl n nachgewiesen.

Beispiel
Wir erläutern das Prinzip des Induktionsbeweises am Beispiel der Summenformel

$$s_n = 1 + 2 + \ldots + n = \frac{n}{2}(n + 1).$$

1. Schritt: Die Behauptung ist richtig für $n = 1$:

$$s_1 = 1 = \frac{1}{2}(1 + 1).$$

2. Schritt: Es wird vorausgesetzt, daß für n = k gilt:

$$s_k = 1 + 2 + \ldots + k = \frac{k}{2}(k + 1).$$

3. Schritt: Wegen der Induktionsvoraussetzung gilt:

$$s_{k+1} = (1 + 2 + \ldots + k) + (k + 1) =$$
$$= \frac{k}{2}(k + 1) + (k + 1) =$$
$$= (k + 1) \cdot \left(\frac{k}{2} + 1\right) =$$
$$= \frac{k + 1}{2} \cdot (k + 2).$$

§ 7 Differenzengleichungen und Finanzmathematik

Viele ökonomische Größen ändern sich nicht kontinuierlich, sondern nur in bestimmten Zeitabständen (Perioden). Dies ist z.B. der Fall, wenn man einen bestimmten Betrag auf einem Bankkonto anlegt und am Ende jeden Jahres die Zinsen für das jeweils vorhandene Kapital gutgeschrieben werden. Will man nun beschreiben, in welcher Weise eine solche Größe von den Werten abhängt, die sie in früheren Perioden angenommen hat, so benötigt man sogenannte Differenzengleichungen.

Wir betrachten hier nur Differenzengleichungen, die allgemein die Form

$$y_t = ay_{t-1} + b$$

mit $a, b \in \mathrm{IR}$ besitzen. Man bezeichnet diesen Ausdruck als eine lineare Differenzengleichung erster Ordnung.

y_t hängt hier also unmittelbar nur von y_{t-1}, y_{t-1} von y_{t-2} und schließlich y_1 von y_0 ab. Man kann deshalb jedem y_t nur dann einen festen Wert zuordnen, wenn man sich für das erste Glied der Folge einen Anfangswert y_0 vorgibt.

Eine Lösung dieser Differenzengleichung ist nun eine Formel, mit deren Hilfe man für jedes $t = 1, 2, 3, \ldots$ direkt berechnen kann, welchen Wert y_t in Abhängigkeit vom Anfangswert y_0 besitzt.

Wir erhalten diese Formel durch rekursives Einsetzen wie folgt:

$$y_1 = ay_0 + b$$
$$y_2 = ay_1 + b = a(ay_0 + b) + b = a^2 y_0 + ab + b$$
$$y_3 = ay_2 + b = a(a^2 y_0 + ab + b) + b = a^3 y_0 + a^2 b + ab + b$$
$$\vdots$$
$$y_t = ay_{t-1} + b = a(a^{t-1} y_0 + a^{t-2} b + a^{t-3} b + \ldots + ab + b) + b =$$
$$= a^t y_0 + a^{t-1} b + a^{t-2} b + \ldots + ab + b =$$
$$= a^t y_0 + b \sum_{i=1}^{t} a^{i-1}.$$

Die Summe $1 + a + \ldots + a^{t-1} = \sum\limits_{i=1}^{t} a^{i-1}$ stellt nun eine endliche geometrische

Reihe mit dem Quotienten $q = a$ dar, und nach der Summenformel für diese Reihe ergibt sich

$$\sum_{i=1}^{t} a^{i-1} = \frac{1-a^t}{1-a} \ \Big| \ \text{für } a \neq 1.$$

Es gilt dann also für $a \neq 1$:

$$y_t = a^t y_0 + b \cdot \frac{1-a^t}{1-a} = y_0 a^t + \frac{b}{1-a} - \frac{b}{1-a} a^t = \frac{b}{1-a} + \left(y_0 - \frac{b}{1-a} \right) a^t.$$

Ist dagegen $a = 1$, so gilt $\sum\limits_{i=1}^{t} a^{i-1} = \sum\limits_{i=1}^{t} 1 = t$, und wir erhalten die Formel

$$y_t = y_0 + b \cdot t.$$

Zusammenfassend können wir dann sagen:

(7.1) Satz:

Die lineare Differenzengleichung erster Ordnung

$$y_t = a y_{t-1} + b$$

besitzt die Lösung

$$y_t = \begin{cases} \dfrac{b}{1-a} + \left(y_0 - \dfrac{b}{1-a} \right) a^t & \text{für } a \neq 1 \\[2ex] y_0 + b \cdot t & \text{für } a = 1. \end{cases}$$

Beispiele:

(1) $2y_t + y_{t-1} = -4$ mit $y_0 = -1$.

Durch Umformung erhalten wir daraus die Differenzengleichung

$y_t = -\dfrac{1}{2} y_{t-1} - 2$, die wegen $a = -\dfrac{1}{2}$ bzw. $b = -2$ die Lösung

$$y_t = \frac{-2}{1-(-\frac{1}{2})} + \left(y_0 - \frac{-2}{1-(-\frac{1}{2})} \right) \cdot \left(-\frac{1}{2} \right)^t = -\frac{4}{3} + \left(y_0 + \frac{4}{3} \right) \cdot \left(-\frac{1}{2} \right)^t$$

besitzt. Bei dem vorgegebenen Anfangswert $y_0 = -1$ ergibt sich dann

$$y_t = -\frac{4}{3} + \left(-1 + \frac{4}{3} \right) \cdot \left(-\frac{1}{2} \right)^t = -\frac{4}{3} + \frac{1}{3} \cdot \left(-\frac{1}{2} \right)^t.$$

(2) $y_t = y_{t-1} - 5$ mit $y_0 = 2$.

Es ist hierbei $a = 1$ und $b = -5$; die Lösung hat also für $y_0 = 2$ die Form

$$y_t = y_0 - 5t = 2 - 5 \cdot t.$$

Wir wollen nun noch ein sogenanntes Spinnweb-Modell betrachten. Ein solches Modell ist besonders dafür geeignet, das Verhalten des Preises von landwirtschaftlichen Gütern in Abhängigkeit von der Zeit zu beschreiben.

Dabei nehmen wir an, daß sich der Preis p eines solchen Gutes nur in bestimmten Zeitabständen (Perioden) ändert und in der t-ten Periode die Nachfragefunktion

$$x_t^N = \alpha - \beta p_t \quad (\alpha, \beta > 0)$$

sowie die Angebotsfunktion

$$x_t^A = \lambda + \delta p_{t-1} \quad (\lambda, \delta > 0)$$

gegeben sind.

Die Anbieter richten sich hier also bei ihrer Produktionsentscheidung stets nach dem Preis p_{t-1} der jeweiligen Vorperiode, da sie erwarten, daß dieser Preis auch in der nächsten Periode gilt. Die Nachfrager dagegen treffen ihre Kaufentscheidung aufgrund des tatsächlich zu bezahlenden Preises p_t.

Nimmt man an, daß sich in jeder Periode die angebotenen und nachgefragten Mengen ausgleichen, so gilt $x_t^A = x_t^N$, d.h.

$$\lambda + \delta p_{t-1} = \alpha - \beta p_t.$$

Durch Umformung erhalten wir daraus dann die Differenzengleichung

$$p_t = \left(-\frac{\delta}{\beta}\right) p_{t-1} + \frac{\alpha - \lambda}{\beta}.$$

Wegen $a = -\dfrac{\delta}{\beta}$ und $b = \dfrac{\alpha - \lambda}{\beta}$ ergibt sich nun nach Satz (7.1) die Lösung

$$p_t = \frac{b}{1-a} + \left(p_0 - \frac{b}{1-a}\right) a^t =$$

$$= \frac{\alpha - \lambda}{\beta} \cdot \frac{1}{1 - \left(-\frac{\delta}{\beta}\right)} + \left(p_0 - \frac{\alpha - \lambda}{\beta} \cdot \frac{1}{1 - \left(-\frac{\delta}{\beta}\right)}\right) \cdot \left(-\frac{\delta}{\beta}\right)^t =$$

$$= \frac{\alpha - \lambda}{\beta + \delta} + \left(p_0 - \frac{\alpha - \lambda}{\beta + \delta}\right) \cdot \left(-\frac{\delta}{\beta}\right)^t.$$

Den Gleichgewichtspreis $\bar{p}$, d.h. den Preis, bei dem sich die Angebots- und Nachfragefunktion schneiden, erhalten wir aus der Gleichung

$$\lambda + \delta \bar{p} = \alpha - \beta \bar{p}.$$

Es ist demnach also $\bar{p} = \dfrac{\alpha - \lambda}{\beta + \delta}$, und wir können die Lösung der Differenzengleichung in der Kurzform

$$p_t = \bar{p} + (p_0 - \bar{p}) \cdot \left(-\frac{\delta}{\beta}\right)^t$$

schreiben.

Wie man hieraus ersieht, strebt $\left(-\dfrac{\delta}{\beta}\right)^t \to 0$ für $t \to \infty$, falls die Bedingung $\dfrac{\delta}{\beta} < 1$ bzw.

$\delta < \beta$ erfüllt ist. Das Konvergenzverhalten des Preises p_t hängt also davon ab, wie groß die Steigungen von Nachfrage- und Angebotsfunktion sind. Wir unterscheiden dabei zwischen den folgenden drei Fällen:

1. Beispiel:

$$\left.\begin{aligned} x_t^A &= 1 + \frac{3}{4} p_{t-1} \\[2mm] x_t^N &= 8 - p_t \end{aligned}\right\} \quad p_t = -\frac{3}{4} p_{t-1} + 7 = 4 + (p_0 - 4) \cdot \left(-\frac{3}{4}\right)^t$$

Es ist dabei $\delta = \frac{3}{4}$ und $\beta = 1$; die Nachfragefunktion verläuft also steiler als die Angebotsfunktion, und der Preis p_t nähert sich für $t \to \infty$ dem Gleichgewichtspreis $\bar{p}$.

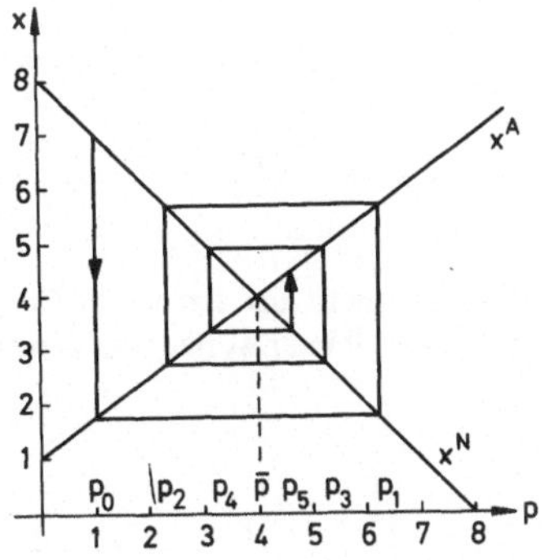
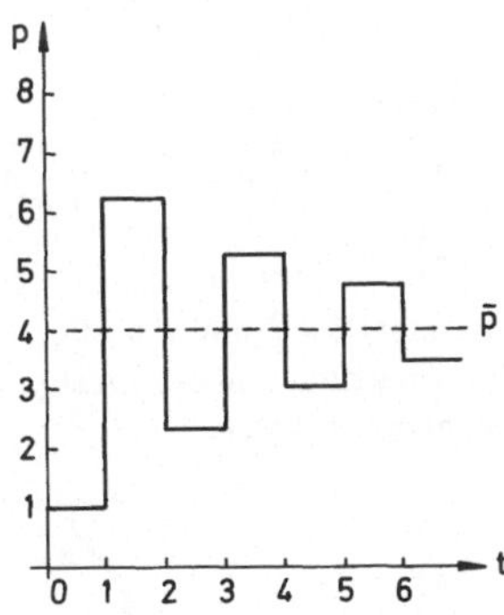

Aus der linken Abbildung läßt sich sofort erkennen, wie sich Nachfrage und Angebot im Zeitablauf verändern.

Beim Anfangspreis $p_0 = 1$ beträgt die Nachfrage $x_0^N = 8 - p_0 = 7$. Da die Anbieter erwarten, daß der Preis p_0 auch in der nächsten Periode gilt, wird nun die Menge $x_1^A = 1 + \frac{3}{4} p_0 = \frac{7}{4} = 1{,}75$ produziert.

In der ersten Periode steigt dann der Preis auf $p_1 = -\frac{3}{4} p_0 + 7 = 6{,}25$ und die Nachfrage hat den Wert $x_1^N = 8 - p_1 = 1{,}75$. Die Anbieter nehmen nun wieder an, daß der Preis p_1 auch in der zweiten Periode gilt und erhöhen ihr Angebot auf $x_2^A = 1 + \frac{3}{4} p_1 = 5{,}69$, usw.

Die rechte Abbildung stellt dagegen die Entwicklung des Preises p_t in den verschiedenen Perioden dar.

2. Beispiel:

$$\left.\begin{aligned} x_t^A &= 1 + p_{t-1} \\[2mm] x_t^N &= 8 - p_t \end{aligned}\right\} \quad p_t = -p_{t-1} + 7 = 3{,}5 + (p_0 - 3{,}5) \cdot (-1)^t.$$

Es ist dabei $\delta = 1$ und $\beta = 1$; die Nachfragefunktion ist also genauso steil wie die Angebotsfunktion und der Preis p_t bewegt sich abwechselnd zwischen p_0 und p_1.

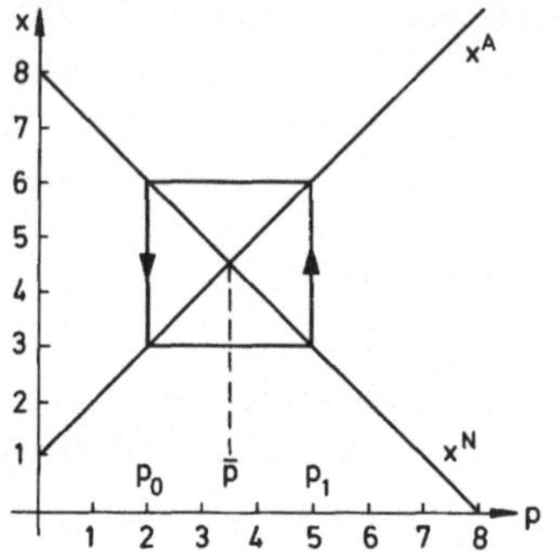
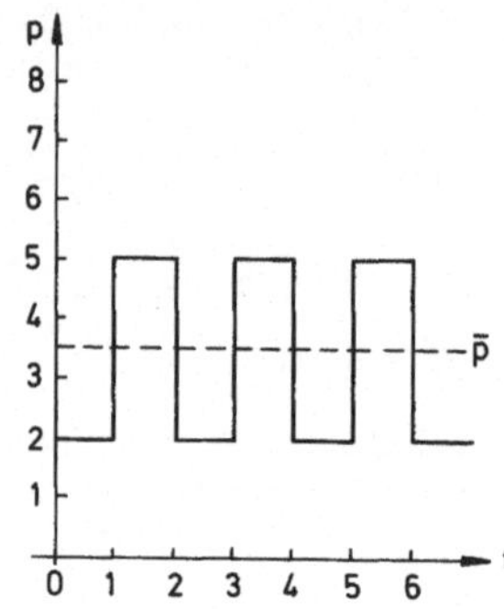

3. Beispiel:

$$\left. \begin{aligned} x_t^A &= 1 + \frac{4}{3} p_{t-1} \\ x_t^N &= 8 - p_t \end{aligned} \right\} \quad p_t = -\frac{4}{3} p_{t-1} + 7 = 3 + (p_0 - 3) \cdot \left(-\frac{4}{3}\right)^t.$$

Es ist dabei $\delta = \frac{4}{3}$ und $\beta = 1$; die Nachfragefunktion verläuft also flacher als die Angebotsfunktion, und der Preis p_t bewegt sich für $t \to \infty$ immer weiter vom Gleichgewichtspreis $\bar{p}$ weg.

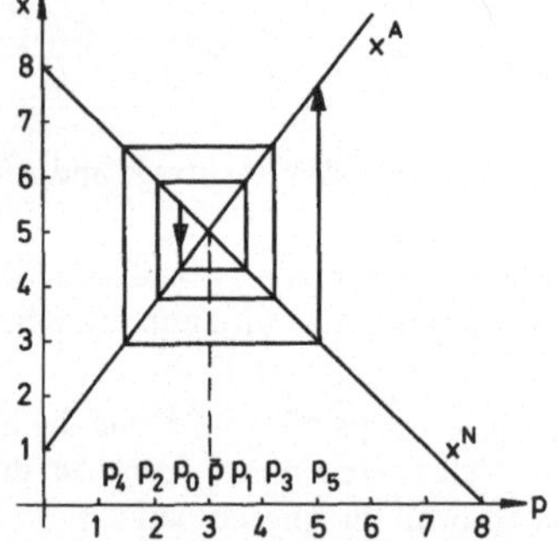
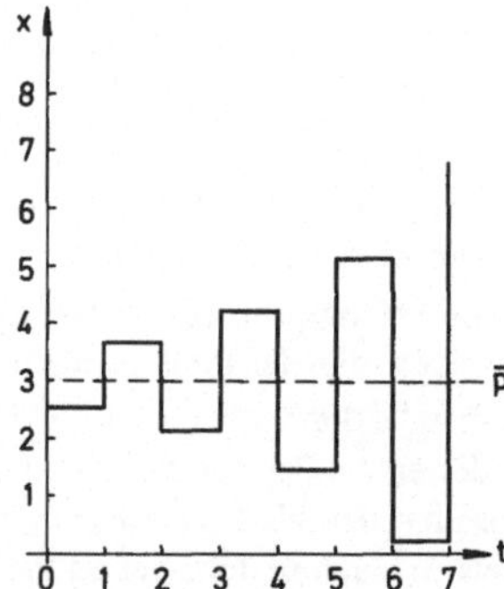

Es handelt sich dabei jeweils um oszillierende Bewegungen, da der Preis p_t abwechselnd auf der linken und rechten Seite von $\bar{p}$ liegt.

In der Finanzmathematik beschäftigt man sich mit Problemen wie der Berechnung von Zinseszinsen, von Renten, der Rückzahlung von Darlehen, der Bewertung von Investitionsentscheidungen usw. Bei der Lösung derartiger Aufgaben benötigt man insbesondere die Formel für die Lösung einer Differenzengleichung.

Ein solches Problem läßt sich allgemein folgendermaßen beschreiben:
Es ist ein Anfangskapital K_0 gegeben, das in jeder Periode (Tag, Monat, Quartal, Jahr usw.) um einen gleichbleibenden Betrag E erhöht oder verringert wird. Das jeweils vorhandene Kapital wird zu einem Zinssatz p mit Zinseszinsen vergütet. Bei einer Einzahlung ist $E > 0$, bei einer Auszahlung ist $E < 0$.
Für dieses Problem wollen wir nun eine Formel herleiten, mit deren Hilfe wir die Höhe des am Ende der n-ten Periode zur Verfügung stehenden Kapitals K_n ermitteln können. Erfolgt die Ein- oder Auszahlung des Betrages E jeweils am Ende einer Periode, so spricht man von einer *nachschüssigen* Zahlungsweise. Es ergibt sich dann für das Kapital K_i $(i = 1, \ldots, n)$ am Ende der i-ten Periode die rekursiv definierte Folge:

$$K_i = K_{i-1} + pK_{i-1} + E = (1 + p)\,K_{i-1} + E.$$

Als Lösung dieser Differenzengleichung erhalten wir wegen $a = 1 + p$ und $b = E$ nach Satz (7.1) die Formel

$$K_n = \frac{E}{1-(1+p)} + \left(K_0 - \frac{E}{1-(1+p)}\right)\cdot(1+p)^n =$$

$$= (1+p)^n K_0 + \frac{(1+p)^n - 1}{p}\,E. \tag{*}$$

Wird die Ein- oder Auszahlung des Betrages E dagegen am Anfang jeder Periode vorgenommen, so spricht man von einer *vorschüssigen* Zahlungsweise. In diesem Falle gilt dann die Differenzengleichung

$$K_i = K_{i-1} + pK_{i-1} + E + pE = (1 + p)\,K_{i-1} + (1 + p)\,E.$$

Bei dieser Differenzengleichung ist $a = 1 + p$ und $b = (1 + p)\,E$; es ergibt sich also nach Satz (7.1) die Lösung

$$K_n = \frac{(1+p)\,E}{1-(1+p)} + \left(K_0 - \frac{(1+p)\,E}{1-(1+p)}\right)(1+p)^n =$$

$$= (1+p)^n K_0 + \frac{(1+p)^n - 1}{p}\,(1+p)\,E. \tag{**}$$

Diese allgemeinen Formeln wollen wir nun auf einige praktische Probleme anwenden. Kann dabei eine der Variablen gleich Null gesetzt werden, so ergeben sich in der Finanzmathematik besonders häufig auftretende Formeln:

Zinseszinsrechnung

Beispiel: Ein Kapital von DM 5 000 wird zu einem Zinssatz von 7 % angelegt. Am Ende jeden Jahres wird eine Einzahlung von DM 200 geleistet. Welcher Endbetrag steht nach 15 Jahren zur Verfügung?
Wegen $K_0 = 5\,000$, $p = 0,07$, $n = 15$ und $E = 200$ gilt:

$$K_{15} = (1,07)^{15}\,5\,000 + \frac{(1,07)^{15} - 1}{0,07}\,200 =$$

$$= 13.795,16 + 5.025,80 = 18.820,96.$$

Wird dagegen ein Kapital K_0 angelegt, ohne daß eine jährliche Einzahlung stattfindet, so erhält man wegen $E = 0$ die Leibnitzsche *Zinseszinsformel*

$$K_n = (1 + p)^n K_0.$$

Den sogenannten *Barwert* eines Kapitals, d. h. den Wert, den das Kapital K_0 haben muß, um bei Anlage auf Zinseszins nach n Perioden den Wert K_n zu erreichen, berechnet man mit Hilfe der Formel

$$K_0 = \frac{K_n}{(1 + p)^n}.$$

Beispiel: Nach 15 Jahren beträgt ein Bankguthaben DM 20.000,–. Bei einer Verzinsung von 7 % erhält man dann den Barwert

$$K_0 = \frac{20.000}{(1,07)^{15}} = 7.248,92.$$

Rentenrechnung

Unter einer Rente versteht man eine Reihe von fest vereinbarten Zahlungen E, die zu bestimmten Zeitpunkten (in der Regel Anfang bzw. Ende eines Jahres oder Monats) geleistet werden. Der Rentenendwert K_n stellt den Gesamtbetrag aller Zahlungen einschließlich Zinsen nach n Perioden dar. Es ergeben sich dann die Formeln:

$$K_n = \frac{(1 + p)^n - 1}{p} (p + 1)\, E \qquad \text{bei vorschüssiger Zahlungsweise,}$$

$$K_n = \frac{(1 + p)^n - 1}{p}\, E \qquad \text{bei nachschüssiger Zahlungsweise.}$$

Als Barwert B einer Rente bezeichnet man wieder den Wert des Kapitals, das man zu Beginn aufbringen müßte, um n Perioden lang eine Rente E zu bekommen. Man erhält den Barwert aus den Formeln (*) und (**), indem man $K_n = 0$ setzt.

$$B = - K_0 = \frac{(1 + p)^n - 1}{(1 + p)^n \cdot p}\, E \qquad \text{(nachschüssig) und}$$

$$B = - K_0 = \frac{(1 + p)^n - 1}{(1 + p)^{n-1} \cdot p}\, E \qquad \text{(vorschüssig).}$$

Beispiel: Wird eine Rente von DM 600 am Ende (Anfang) jeden Monats 10 Jahre lang bezahlt und wird das Kapital monatlich zu $\frac{1}{2}$ % verzinst, so ergeben sich wegen $E = 600$, $n = 10 \cdot 12 = 120$, $p = 0.005$ folgende Rentenendwerte:

$$K_n = \frac{(1,005)^{120} - 1}{0,005}\, 600 = 98.327,61 \qquad \text{(nachschüssig)}$$

$$K_n = \frac{(1,005)^{120} - 1}{0,005}\, 1,005 \cdot 600 = 98.819,25 \qquad \text{(vorschüssig).}$$

Weiter ergeben sich die Barwerte

$$B = -K_0 = \frac{(1{,}005)^{120} - 1}{(1{,}005)^{120} \cdot 0{,}005}\; 600 = 54.044{,}07 \qquad \text{(nachschüssig)}$$

$$B = -K_0 = \frac{(1{,}005)^{120} - 1}{(1{,}005)^{119} \cdot 0{,}005}\; 600 = 54.314{,}29 \qquad \text{(vorschüssig)}.$$

Schuldentilgung

Zur Tilgung einer Schuld K_0, die zu einem Zinssatz p ausgeliehen ist, wird über eine fest vereinbarte Laufzeit am Ende jeder Periode ein gleichbleibender Betrag E bezahlt. Da die Schuld nach n Perioden vollständig beglichen sein soll, ist $K_n = 0$ und es ergibt sich für den Tilgungsbetrag E aus (*) die Formel:

$$E = -\frac{(1 + p)^n\, p}{(1 + p)^n - 1}\; K_0\,.$$

Beispiel: Um ein Darlehen von DM 8 000 in 20 Jahren zurückzuzahlen, muß bei einem Zinssatz von 9 % jährlich ein Betrag von

$$E = -\frac{(1{,}09)^{20} \cdot 0{,}09}{(1{,}09)^{20} - 1}\; 8000 = -876{,}37$$

aufgebracht werden.

Investitionsrechnung

Ist die Ein- oder Auszahlung Z_i nicht gleichbleibend, sondern in jeder Periode verschieden, so gilt bei nachschüssiger Zahlungsweise die Beziehung

$$K_i = K_{i-1} + pK_{i-1} + Z_i = (1 + p)\, K_{i-1} + Z_i,$$

aus der sich durch Einsetzen von K_0 ergibt:

$$K_1 = (1 + p)\, K_0 + Z_1$$
$$K_2 = (1 + p)^2\, K_0 + (1 + p)\, Z_1 + Z_2$$
$$\vdots$$
$$K_n = (1 + p)^n\, K_0 + (1 + p)^{n-1}\, Z_1 + \ldots + (1 + p)\, Z_{n-1} + Z_n\,.$$

Mit Hilfe dieser Formel kann man den Gegenwartswert W eines Investitionsgutes berechnen, das in n Perioden die Einnahmen $Z_1, \ldots, Z_n$ erbringt. Man versteht darunter das Kapital, das man zu einem Zinssatz p anlegen muß, um die Einnahmen $Z_1, \ldots, Z_n$ zu erzielen. Es gilt also:

$$W = -K_0 = \frac{Z_1}{(1 + p)} + \frac{Z_2}{(1 + p)^2} + \ldots + \frac{Z_{n-1}}{(1 + p)^{n-1}} + \frac{Z_n}{(1 + p)^n}\,.$$

Ist der Gegenwartswert kleiner als der zum Kauf des Investitionsgutes benötigte Betrag, so ist die Investition unvorteilhaft.

Beispiel: Bei dem Einsatz einer zusätzlichen Maschine sind in einem Betrieb die Einnahmen $Z_1 = 1\,000$, $Z_2 = 5\,000$, $Z_3 = 2\,000$ und $Z_4 = 500$ zu erwarten. Bei einem Zinssatz von 5 % ergibt dies den Gegenwartswert

$$W = \frac{1\,000}{1,05} + \frac{5\,000}{(1,05)^2} + \frac{2\,000}{(1,05)^3} + \frac{500}{(1,05)^4} = 7.626{,}55.$$

Der Kauf der Maschine lohnt sich also nur, wenn sie weniger als dieser Wert kostet.

§ 8 Kombinatorik

In der Kombinatorik beschäftigt man sich mit der Frage, wieviel Möglichkeiten es gibt, Elemente einer Menge in einer bestimmten Weise anzuordnen. Derartige Probleme treten vor allem in der Statistik, aber auch bei vielen anderen praktischen Aufgaben in den Wirtschaftswissenschaften auf.
Wir wollen nun zunächst einige in der Kombinatorik häufig verwendete Begriffe behandeln.

(8.1) Definition

Seien $n, k \in \mathbb{N} \cup \{0\}$ mit $k \leqslant n$. Dann setzen wir:

(a) $n! = \prod_{i=1}^{n} i = 1 \cdot 2 \cdot 3 \cdot \ldots \cdot n$ und $0! = 1$

    (sprich: n-Fakultät);

(b) $\dbinom{n}{k} = \dfrac{n(n-1) \cdot \ldots \cdot (n-k+1)}{1 \cdot 2 \cdot \ldots \cdot k} = \dfrac{n!}{(n-k)!\,k!}$

    (sprich: n über k). Man bezeichnet $\binom{n}{k}$ als Binomialkoeffizienten.

Bemerkung: Binomialkoeffizienten lassen sich auch allgemein definieren, indem man für beliebige reelle Zahlen α und natürliche Zahlen k setzt:

$$\binom{\alpha}{k} = \frac{\alpha(\alpha-1)(\alpha-2) \cdot \ldots \cdot (\alpha-k+1)}{1 \cdot 2 \cdot 3 \cdot \ldots \cdot k}.$$

Beispiele

(1) $0! = 1$, $1! = 1$, $2! = 2$, $3! = 6$, $4! = 24$.

(2) $\dbinom{2}{0} = \dfrac{2!}{2!\,0!} = 1$, $\dbinom{6}{4} = \dfrac{6!}{2!\,4!} = \dfrac{1 \cdot 2 \cdot 3 \cdot 4 \cdot 5 \cdot 6}{1 \cdot 2 \cdot 1 \cdot 2 \cdot 3 \cdot 4} = 15$.

(3) $\dbinom{-2}{3} = \dfrac{(-2) \cdot (-3) \cdot (-4)}{1 \cdot 2 \cdot 3} = -4$,

    $\dbinom{\frac{1}{3}}{1} = \dfrac{\frac{1}{3} \cdot \left(-\frac{2}{3}\right) \cdot \left(-\frac{5}{3}\right)}{1 \cdot 2 \cdot 3} = \dfrac{10}{162}.$

Die wichtigsten Eigenschaften der Fakultäten und Binomialkoeffizienten fassen wir zusammen in

(8.2) Satz

Für die Zahlen $n, k \in \mathbb{N}$ mit $k \leqslant n$ gilt:

(a) $(n + 1)! = (n + 1)\, n!$

(b) $\binom{n}{0} = 1, \ \binom{n}{1} = n$

(c) $\binom{n}{k} = \binom{n}{n - k}$

(d) $\binom{n}{k} + \binom{n}{k + 1} = \binom{n + 1}{k + 1}$

(e) $(k + 1) \cdot \binom{n}{k + 1} = (n - k) \cdot \binom{n}{k}$

(f) $\displaystyle\sum_{i = 0}^{n} \binom{k + i}{k} = \binom{n + k + 1}{k + 1}.$

Mit Hilfe der Binomialkoeffizienten ist es außerdem möglich, einen Ausdruck der Form $(a + b)^n$ „auszumultiplizieren", d. h. in eine Summe zu entwickeln wie folgt:

(8.3) Satz

Seien $a, b \in \mathbb{R}$ und $n \in \mathbb{N}$. Dann gilt:

$$(a + b)^n = a^n + \binom{n}{1} a^{n-1} b + \binom{n}{2} a^{n-2} b^2 + \ldots + \binom{n}{n - 1} ab^{n-1} + b^n =$$

$$= \sum_{k = 0}^{n} \binom{n}{k} a^{n-k} b^k.$$

Beispiele

(1) $(a + b)^3 = \binom{3}{0} a^3 + \binom{3}{1} a^2 b + \binom{3}{2} ab^2 + \binom{3}{3} b^3 = a^3 + 3 a^2 b + 3 ab^2 + b^3.$

(2) $(1 - b)^4 = \binom{4}{0} 1 + \binom{4}{1} (-b) + \binom{4}{2} (-b)^2 + \binom{4}{3} (-b)^3 + \binom{4}{4} (-b)^4 =$

$\qquad = 1 - 4 b + 6 b^2 - 4 b^3 + b^4.$

Wir wollen nun einige der am häufigsten benötigten Formeln der Kombinatorik herleiten. Dabei unterscheiden wir zwischen verschiedenen Zusammenstellungen von Elementen.

Permutationen

(8.4) Definition

Gegeben seien n Elemente. Dann nennt man jede Zusammenstellung dieser n Elemente in irgendeiner Anordnung eine *Permutation*.

Beispiel: Für die Elemente a, b, c, d sind die Zusammenstellungen abcd, adbc, cbad, ... usw. verschiedene Permutationen, da sie sich in der Anordnung, d. h. in der Reihenfolge ihrer Elemente unterscheiden.

Eine Formel für die Anzahl der Permutationen ergibt sich wie folgt:

Bei zwei Elementen a, b erhält man zwei Permutationen, nämlich ab und ba.

Bei drei Elementen a, b, c lassen sich die Permutationen

$$\begin{array}{lll} abc & bac & cab \\ acb & bca & cba \end{array}$$

bilden. Wie man sieht, gibt es für die Wahl des an erster Stelle stehenden Elements 3 Möglichkeiten (nämlich a, b oder c).

Ist das erste Element fest gewählt, so bleiben für das zweite Element nur noch zwei Möglichkeiten und für das dritte nur noch eine Möglichkeit übrig. Es existieren also $3 \cdot 2 \cdot 1 = 6$ verschiedene Permutationen.

Allgemein gibt es bei n verschiedenen Elementen n Möglichkeiten für die Besetzung der ersten Stelle. Für die Besetzung der zweiten Stelle bleiben noch $(n - 1)$, für die dritte Stelle noch $(n - 2)$, ... usw. Möglichkeiten übrig. Insgesamt erhält man also $n \cdot (n - 1) \cdot (n - 2) \cdot \ldots \cdot 1 = n!$ Möglichkeiten.

Die Anzahl der Permutationen wird jedoch geringer, wenn nicht alle Elemente voneinander verschieden sind, sondern in r Gruppen von je $n_1, \ldots, n_r$ gleichen Elementen aufgeteilt sind. So bestehen beispielsweise die Elemente a, b, a aus zwei Gruppen mit den Elementen a, a $(n_1 = 2)$ und b $(n_2 = 1)$. In diesem Falle gibt es dann statt $3! = 6$ nur drei Permutationen

$$aab, \ aba, \ baa.$$

Man erhält hierbei die Anzahl der Permutationen, indem man n! durch die jeweils $n_1!, \ldots, n_r!$ Permutationen der Gruppen von gleichen Elementen dividiert. Es ergibt sich also der Ausdruck

$$\frac{n!}{n_1! \, n_2! \ldots n_r!} .$$

(8.5) Satz

(a) Für n verschiedene Elemente beträgt die Anzahl der Permutationen n!

(b) Für n Elemente, die aus r Gruppen zu je $n_1, \ldots, n_r$ $(n = n_1 + \ldots + n_r)$ gleichen Elementen bestehen, beträgt die Anzahl der Permutationen

$$\frac{n!}{n_1! \, n_2! \ldots n_r!} .$$

Beispiele

(1) Auf einer Maschine sollen 8 verschiedene Einzelteile angefertigt werden. Dabei muß vor der Herstellung jedes Einzelteils die Maschine neu eingestellt werden. Es ergeben sich dann $8! = 40.320$ unterschiedliche Reihenfolgen für die Durchführung der Produktion.

(2) Aus 3 Wagen 1. Klasse, 5 Wagen 2. Klasse und 2 Schlafwagen soll ein Zug von 10 Wagen zusammengestellt werden. Es gibt hierbei also Gruppen von je 3, 5 und 2 gleichen Wagen, so daß sich insgesamt $\frac{10!}{3! \, 5! \, 2!} = 2520$ verschiedene Arten der Zusammenstellung ergeben.

Kombinationen

(8.6) Definition

Jede Zusammenstellung von k Elementen aus n gegebenen Elementen bezeichnet man als eine Kombination der k-ten Ordnung.

Die Anzahl der Kombinationen hängt natürlich davon ab, ob es auf die Reihenfolge der Elemente ankommt oder ob alle Elemente verschieden sein müssen.

(a) Kombinationen mit Berücksichtigung der Anordnung und ohne Wiederholung

Hierbei betrachtet man Kombinationen als verschieden, die zwar dieselben Elemente, aber in einer unterschiedlichen Anordnung enthalten. Außerdem darf keine Kombination zwei oder mehr gleiche Elemente enthalten (ohne Wiederholung).

Aus den vier Elementen a, b, c, d erhält man die vier Kombinationen 1. Ordnung

> a, b, c und d.

Als Kombinationen 2. Ordnung ergeben sich die Zusammenstellungen

ab	ba	ca	da
ac	bc	cb	db
ad	bd	cd	dc.

Hierbei gibt es für die Besetzung der ersten Stelle vier und für die Besetzung der zweiten Stelle drei Möglichkeiten, also insgesamt $4 \cdot 3 = 12$ Kombinationen.

Will man nun aus n Elementen Kombinationen der k-ten Ordnung bilden, so kann man das erste Element auf n verschiedene Arten, das zweite auf $(n - 1)$, das dritte auf $(n - 2)$, ... usw. wählen. Das k-te Element (d. h. das letzte in der Kombination) kann dann noch auf $(n - k + 1)$ Arten gewählt werden. Es ergibt sich also das Produkt

$$n(n - 1)(n - 2) \cdot \ldots \cdot (n - k + 1).$$

(8.7) Satz

Gegeben seien n verschiedene Elemente. Dann beträgt die Anzahl der Kombinationen
k-ter Ordnung mit Berücksichtigung der Anordnung und ohne Wiederholung

$$n\,(n-1)\cdot \ldots \cdot (n-k+1) = \frac{n!}{(n-k)!} = \binom{n}{k}k!$$

Beispiel

Ein 20-köpfiger Aufsichtsrat bestimmt aus seiner Mitte einen 1. Vorsitzenden und
seinen Stellvertreter. Da es hierbei auf die Reihenfolge ankommt und kein Mitglied
beide Funktionen gleichzeitig ausüben kann, gibt es $\frac{20!}{(20-2)!} = \frac{20!}{18!} = 380$ verschiedene
Besetzungsmöglichkeiten.

(b) Kombinationen ohne Berücksichtigung der Anordnung und ohne Wiederholung

Da hierbei die Anordnung der Elemente unberücksichtigt bleibt, sind also Kombinationen der Form ab und ba gleichwertig. Es ergibt sich deshalb natürlich eine geringere Anzahl von Möglichkeiten als bei den Kombinationen mit Berücksichtigung
der Anordnung.
Um uns dies zu verdeutlichen, zählen wir für die vier Elemente a, b, c, d alle $\binom{4}{3}\,3! = 24$
Kombinationen der 3. Ordnung mit Berücksichtigung der Anordnung auf:

abc	abd	acd	bcd
acb	adb	adc	bdc
bac	bad	cad	cbd
bca	bda	cda	cdb
cab	dab	dac	dbc
cba	dba	dca	dcb

Dabei entsprechen die in der ersten Zeile stehenden Zusammenstellungen den Kombinationen ohne Berücksichtigung der Anordnung. Wie man sieht, enthalten jeweils
$3! = 6$ Zusammenstellungen die gleichen Elemente, aber in verschiedener Reihenfolge.
Kommt es also nicht auf die Reihenfolge an, so erhält man die Anzahl der Kombinationen 3. Ordnung ohne Berücksichtigung der Anordnung, indem man die Zahl $\binom{4}{3}\,3!$
durch 3! dividiert:

$$\frac{\binom{4}{3}\,3!}{3!} = \binom{4}{3} = 4.$$

Analog dazu muß bei der Bildung von Kombinationen k-ter Ordnung aus n gegebenen
Elementen die Formel $\binom{n}{k}\,k!$ durch k! dividiert werden, so daß sich ergibt:

$$\frac{\binom{n}{k}\,k!}{k!} = \binom{n}{k}.$$

(8.8) Satz

Für n verschiedene Elemente beträgt die Anzahl der Kombinationen k-ter Ordnung ohne Berücksichtigung der Anordnung und ohne Wiederholung $\binom{n}{k}$.

Beispiel

Beim Zahlenlotto sind aus 49 verschiedenen Zahlen 6 anzukreuzen, wobei die Reihenfolge dieser Zahlen gleichgültig ist. Es gibt deshalb dafür $\binom{49}{6}$ = 13.983.816 Möglichkeiten. Will man dagegen 3 Zahlen ankreuzen, so beträgt die Anzahl der Möglichkeiten nur $\binom{49}{3}$ = 18.424.

(c) Kombinationen mit Berücksichtigung der Anordnung und mit Wiederholung

Da Wiederholungen erlaubt sind, können in jeder Zusammenstellung mehrere gleiche Elemente vorkommen. Für die Elemente a, b, c, d erhalten wir dann die folgenden Kombinationen 2. Ordnung:

aa	ba	ca	da
ab	bb	cb	db
ac	bc	cc	dc
ad	bd	cd	dd.

Dabei kann sowohl das erste, als auch das zweite Element jeder Kombination auf vier Arten gewählt werden, so daß sich $4 \cdot 4 = 4^2$ Möglichkeiten ergeben.

Will man allgemein aus n Elementen Kombinationen der k-ten Ordnung bilden, so gibt es für die Besetzung jeder der k Elemente einer Zusammenstellung n Möglichkeiten, insgesamt also $\underbrace{n \cdot n \cdot \ldots \cdot n}_{k-\text{mal}} = n^k$ verschiedene Arten.

(8.9) Satz

Gegeben seien n verschiedene Elemente. Dann beträgt die Anzahl der Kombinationen k-ter Ordnung mit Berücksichtigung der Anordnung und mit Wiederholungen n^k.

Beispiel

Beim Werfen von vier verschiedenfarbigen Würfeln erhält man die Ergebnisse

1111	1121	...
1112	1122	...
⋮	⋮	
1116	1126	... usw.

Insgesamt ergeben sich also 6^4 mögliche Wurfergebnisse.

(d) Kombinationen ohne Berücksichtigung der Anordnung und mit Wiederholungen

Hierbei werden wieder Kombinationen, die die gleichen Elemente in verschiedener Reihenfolge enthalten, nur einmal gezählt. Man erhält dann beispielsweise für die n

Elemente $e_1, \ldots, e_n$ die folgenden Kombinationen 1., 2. und 3. Ordnung, wobei wir jeweils die Anzahl der Zusammenstellungen mit gleichem Anfangsbuchstaben dazuschreiben.

1. Ordnung:

$$
\begin{array}{ll}
& \textit{Möglichkeiten} \\
e_1 \quad e_2 \ldots e_n & n
\end{array}
$$

2. Ordnung:

$$
\begin{array}{ll}
& \textit{Möglichkeiten} \\
e_1 e_1 \quad e_1 e_2 \quad e_1 e_3 \ldots e_1 e_n & n \\
\quad\quad\quad e_2 e_2 \quad e_2 e_3 \ldots e_2 e_n & (n-1) \\
\quad\quad\quad\quad\quad\quad e_3 e_3 \ldots e_3 e_n & (n-2) \\
\quad\quad\quad\quad\quad\quad\quad\quad\quad \vdots & \vdots \\
\quad\quad\quad\quad\quad\quad\quad\quad e_n e_n & 1
\end{array}
$$

Es ergeben sich also insgesamt $n + (n-1) + (n-2) + \ldots + 1 = \binom{n+1}{2}$ verschiedene Möglichkeiten.

3. Ordnung:

$$
\begin{array}{ll}
& \textit{Möglichkeiten} \\
e_1 e_1 e_1 \quad e_1 e_1 e_2 \ldots e_1 e_1 e_n & n \\
\quad\quad\quad\; e_1 e_2 e_2 \ldots e_1 e_2 e_n & (n-1) \\
\quad\quad\quad\quad\quad \vdots & \vdots \\
\quad\quad\quad\quad\quad e_1 e_n e_n & 1 \\[4pt]
\hline
n + (n-1) + \ldots + 1 = \dbinom{n+1}{2}
\end{array}
$$

$$
\begin{array}{ll}
& \textit{Möglichkeiten} \\
e_2 e_2 e_2 \quad e_2 e_2 e_3 \ldots e_2 e_2 e_n & (n-1) \\
\quad\quad\quad\; e_2 e_3 e_3 \ldots e_2 e_3 e_n & (n-2) \\
\quad\quad\quad\quad\quad \vdots & \vdots \\
\quad\quad\quad\quad\quad e_2 e_n e_n & 1 \\[4pt]
\hline
(n-1) + (n-2) + \ldots + 1 = \dbinom{n}{2}
\end{array}
$$

$$
\vdots
$$

$$
\begin{array}{ll}
& \textit{Möglichkeiten} \\
e_{n-1} e_{n-1} e_{n-1} \quad e_{n-1} e_{n-1} e_n & 2 \\
\quad\quad\quad\quad e_{n-1} e_n e_n & 1 \\[4pt]
\hline
2 + 1 = \dbinom{3}{2}
\end{array}
$$

$$
\begin{array}{ll}
& \textit{Möglichkeiten} \\
e_n e_n e_n & 1 = \dbinom{2}{2}
\end{array}
$$

Insgesamt erhält man also hierbei unter Verwendung von Satz (8.2), (f)

$$\binom{n+1}{2} + \binom{n}{2} + \ldots + \binom{3}{2} + \binom{2}{2} = \binom{n+2}{3}$$

verschiedene Möglichkeiten.
Allgemein gilt dann der folgende

(8.10) Satz

Für n verschiedene Elemente beträgt die Anzahl der Kombinationen k-ter Ordnung ohne Berücksichtigung der Anordnung und mit Wiederholung $\binom{n+k-1}{k}$.

Beispiel

Bei der Beurteilung der Klangqualität von 10 Lautsprecher-Boxen verschiedener Fabrikate wird so verfahren, daß die Tester jeweils einen Hörvergleich zwischen 2 Boxen-Paaren vornehmen. Um die Objektivität der Tester zu überprüfen, soll auch jeweils ein Hörvergleich zwischen zwei Boxen-Paaren des gleichen Fabrikats stattfinden. Da es hierbei nicht auf die Reihenfolge ankommt und Wiederholungen zugelassen sind, muß jeder Tester insgesamt $\binom{10+2-1}{2} = \binom{11}{2} = 55$ Hörvergleiche durchführen.

§ 9 Programmablaufpläne

Mathematische Verfahren und auch andere in der betriebswirtschaftlichen Praxis vorkommende systematische Abläufe werden häufig mit Hilfe von sogenannten Programmablaufplänen graphisch dargestellt. Dies ist vor allem nützlich und notwendig bei komplexen Problemen, deren Lösung nur mit Hilfe elektronischer Datenverarbeitungsanlagen durchgeführt werden kann.
Beim Aufstellen eines Programmablaufplanes ist es notwendig, die logische Struktur des behandelten Problems genau zu untersuchen. Es sind dabei alle bei der Anwendung eines Verfahrens auszuführenden Operationen sowie deren zeitliche Reihenfolge festzulegen. Erst nach dieser Vorarbeit kann dann ein Computer-Programm für das zu lösende Problem erstellt werden.
Um Programmablaufpläne zu vereinheitlichen und damit auch für Personen verständlich zu machen, die nicht unmittelbar mit dem betreffenden Problem vertraut sind, wurden die darin verwendeten Symbole gemäß einer DIN-Vorschrift festgelegt. Wir wollen nun die wichtigsten dieser Symbole kurz beschreiben:

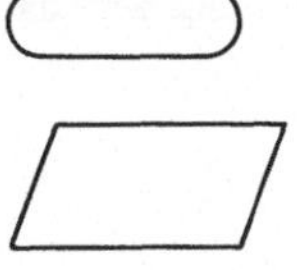

Ein Oval bezeichnet den Anfangs- bzw. Endpunkt.

Mit einem Parallelogramm wird die Datenein- bzw. ausgabe angezeigt.

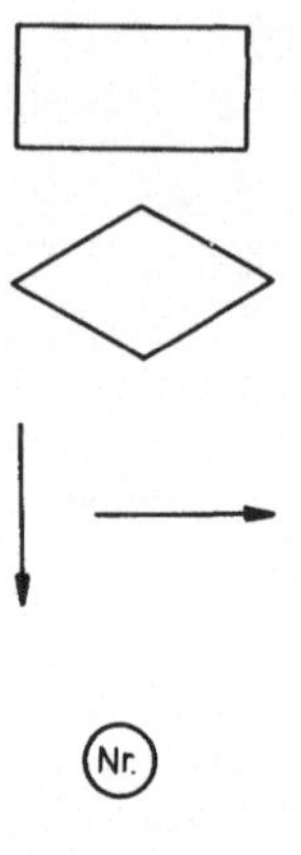

Ein Rechteck enthält die bei dem Verfahren auszuführenden Anweisungen.

Eine Raute zeigt eine Entscheidung oder Abfrage an.

Mit Pfeilen wird die Reihenfolge angezeigt, in der die einzelnen Operationen auszuführen sind.

Ein kleiner Kreis mit einer Nummer zeigt an, wo ein umfangreicher Programmablaufplan unterbrochen wird.

Wir wollen nun die Verwendung einiger dieser Symbole anhand von häufig vorkommenden Operationen und Abfragen genauer erläutern. Dabei bedeutet:

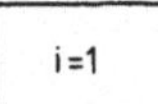

es wird der Variablen i (im allgemeinen Laufindex) der Wert 1 zugewiesen.

es wird der Variablen i der Wert i + 1 zugeordnet. Hierbei handelt es sich keineswegs um eine Gleichung. Es wird nur an die Stelle von i der Wert i + 1 gesetzt; d. h. der Laufindex wird um 1 erhöht.

es wird zu dem jeweiligen Wert der Variablen Sum (= Summe) das i-te Glied a (i) einer Folge von Zahlen a (1), ..., a (n) addiert. Wird dabei die Variable Sum zunächst auf den Anfangswert Sum = 0 gesetzt, so erhält man durch n-malige Ausführung dieser Anweisung die

Summe $\displaystyle\sum_{i=1}^{n} a(i)$

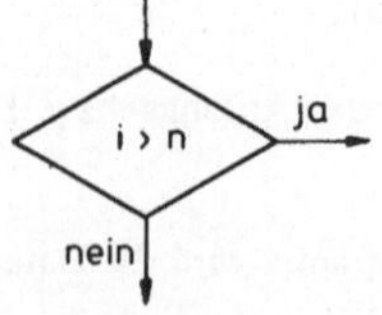

es wird geprüft, ob der Wert für die Variable i größer ist als eine fest vorgegebene Zahl n. Je nach Beantwortung dieser Frage wird dann eine neue Anweisung ausgeführt.

Für einige kleinere Probleme wollen wir nun komplette Programmablaufpläne aufstellen. Dabei wollen wir jeweils in einer Tabelle angeben, welche Werte die Variablen in den einzelnen Schritten annehmen, um dadurch die Richtigkeit des Programmablaufplans zu überprüfen.

Beispiele

(1) Bilde die Summe $\sum\limits_{i=1}^{100} a(i)$ (Bild 1-26)!

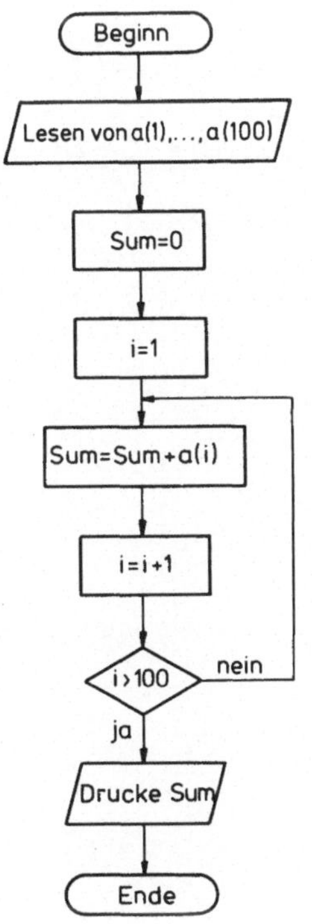

Sum	i	$i > 100$
0	1	
$0 + a(1)$	2	$2 > 100$ nein
$a(1) + a(2)$	3	$3 > 100$ nein
$a(1) + a(2) + a(3)$	4	$4 > 100$ nein
$\vdots$		
$a(1) + \ldots + a(99)$	100	$100 > 100$ nein
$a(1) + \ldots + a(100)$	101	$101 > 100$ ja
Drucke Sum $= \sum\limits_{i=1}^{100} a(i)$		

Bild 1-26

(2) Berechne den Funktionswert der stückweise definierten Funktion

$$F(x) = \begin{cases} e^x & \text{für } x > 0 \\ x^2 & \text{für } -1 \leqslant x \leqslant 0 \\ x + 2 & \text{für } x < -1 \end{cases}$$

für den Wert $X = a$ (Bild 1-27)!

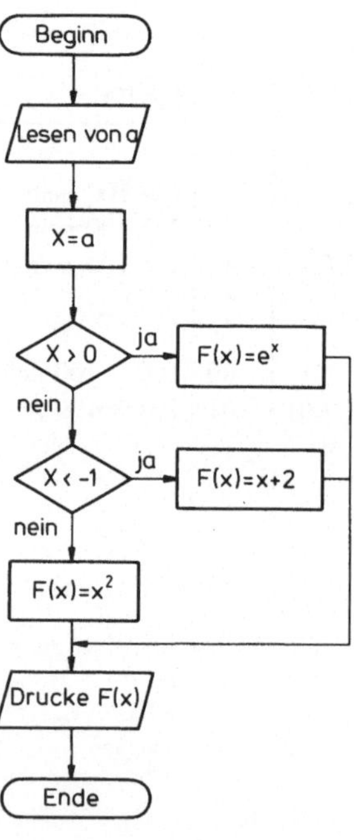

$X =$	$X > 0$	$X < -1$	$F(x)$
4	ja		$F(4) = e^4$
$-\dfrac{1}{2}$	nein	nein	$F\left(-\dfrac{1}{2}\right) = \left(-\dfrac{1}{2}\right)^2 = \dfrac{1}{4}$
-3	nein	ja	$F(-3) = -3 + 2 = -1$

Bild 1-27

(3) Bestimme das Maximum der Zahlen a(1), …, a(5) (Bild 1-28)!

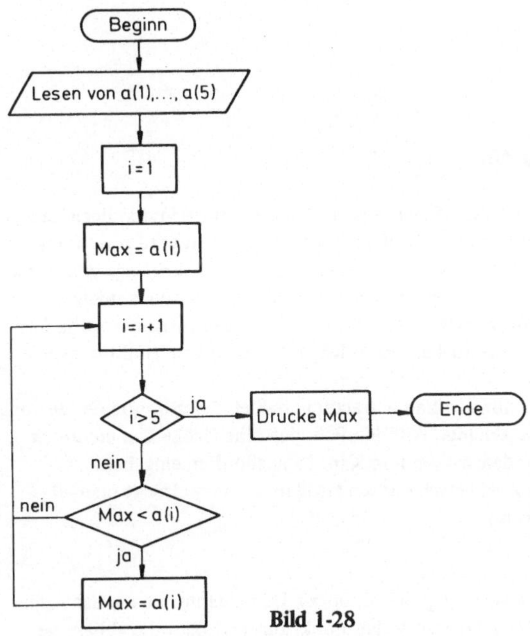

Bild 1-28

Für die Zahlen a(1) = 3, a(2) = 8, a(3) = 1, a(4) = 10, a(5) = 3 ergibt sich dabei:

i	Max	i > 5	Max < a(i)
1	Max = a(1) = 3		
2		2 > 5 nein	3 < 8 = a(2) ja
	Max = a(2) = 8		
3		3 > 5 nein	8 < 1 = a(3) nein
4		4 > 5 nein	8 < 10 = a(4) ja
	Max = a(4) = 10		
5		5 > 5 nein	10 < 3 = a(5) nein
6		6 > 5 ja	
	Drucke Max = 10		

Kapitel 2 Funktionen einer Variablen

§ 10 Grundlegende Begriffe

Eine der Hauptaufgaben der Wirtschaftswissenschaften besteht darin, die Beziehungen zwischen verschiedenen ökonomischen Größen zu analysieren. So wird z. B. untersucht, in welcher Weise der Konsum vom Volkseinkommen, die Nachfrage vom Preis einer Ware, die Investitionen vom Zinssatz und Volkseinkommen usw. abhängen. Lassen sich nun die Beziehungen zwischen solchen Größen durch eine eindeutig festgelegte Zuordnungsvorschrift ausdrücken, so spricht man von einem funktionalen Zusammenhang.

In diesem Kapitel wollen wir nur den Fall betrachten, daß eine bestimmte Größe von einer *einzigen* anderen Größe abhängt. Auf den Fall, daß eine Größe von *mehreren* anderen Größen abhängt, werden wir dann in Kap. IV ausführlich eingehen.

Eine Abhängigkeit zwischen zwei verschiedenen Größen x und y drückt man allgemein aus durch die Schreibweise

$$y = f(x)$$

(sprich: y ist Funktion von x bzw. y gleich f von x). Dabei nennt man x das Argument oder die unabhängige Variable und y den Funktionswert oder die abhängige Variable.

Wir wollen uns hier darauf beschränken, daß alle Argumente x und alle Funktionswerte y nur Werte aus der Menge $\mathbb{R}$ der reellen Zahlen annehmen. Eine Funktion von einer Variablen stellt dann — wie schon in Kap. I, § 3 erwähnt — im mathematischen Sinne eine Abbildung

$$f : A \to B$$

dar, wobei sowohl der Definitionsbereich A als auch der Wertebereich B jeweils Teilmengen von $\mathbb{R}$ sind.

Bemerkung: Neben dieser Schreibweise haben sich insbesondere in den Wirtschaftswissenschaften auch noch andere Bezeichnungsweisen eingebürgert. So drückt man etwa die Abhängigkeit zwischen Konsum und Volkseinkommen in der Form $C = f(Y)$ bzw. $C = C(Y)$, die Abhängigkeit zwischen dem Preis einer Ware und der Nachfrage in der Form $x = x(p)$ usw. aus.

Die eindeutige Zuordnung der Argumente zu den Funktionswerten kann auf verschiedene Weise erfolgen. Ist es möglich, das Argument x kontinuierlich zu verändern, so ist die Abbildungsvorschrift in der Regel in Form einer mathematischen Gleichung gegeben (z. B. $f(x) = 2x + 1$ usw.). Die Zuordnung kann jedoch auch einfach durch Angabe einer Wertetabelle vorgenommen werden wie z. B. bei einer Umrechnungstabelle. In vielen Fällen stellt dies sogar die einzige Möglichkeit dar, wenn nämlich der Funktionswert $f(x)$ nur für einige bestimmte Werte von x gemessen werden kann. Wird z. B. untersucht, wie sich der Einsatz unterschiedlicher Werbeetats auf den Umsatz einer bestimmten Ware auswirkt, so ergibt sich etwa folgende Tabelle:

Werbemitteleinsatz x	100	150	200	250
Umsatz u = u(x)	2 300	2 800	3 000	3 400

Die speziellen Eigenschaften einer Funktion von einer Variablen lassen sich häufig besonders gut erkennen, wenn man die Funktion in einem (x, y)-Koordinatensystem graphisch darstellt. Auf der horizontalen Achse (Abszisse) trägt man dabei die Argumente x und auf der vertikalen Achse (Ordinate) die Funktionswerte $y = f(x)$ ab. Beispielsweise ergibt die Funktion $f : [-4, 4] \rightarrow \mathbb{R}$ mit $y = f(x) = \frac{1}{2} x + 1$ das Bild 2-1.

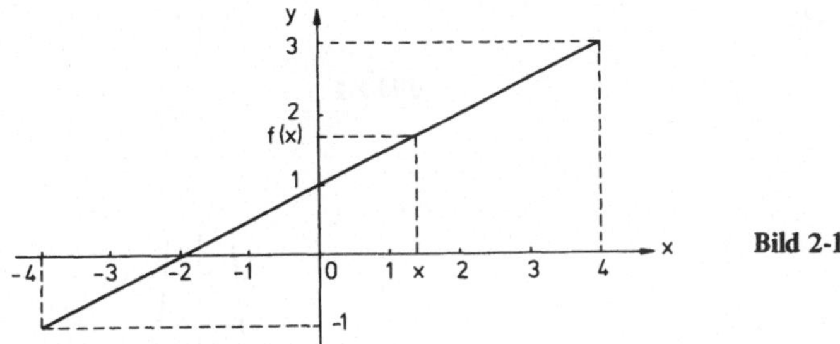

Bild 2-1

Die Menge aller Koordinaten

$$G_f = \{(x, y) \in \mathbb{R}^2 \,|\, x \in D \wedge y = f(x)\}$$

bezeichnet man dann als den Graph der Funktion $f : D \rightarrow \mathbb{R}$ oder einfach als Bildkurve von f.

Da eine Funktion einen Spezialfall einer Abbildung darstellt, lassen sich gemäß den in § 3 angegebenen Definitionen sowohl die Bild- und Urbildmenge, eine zusammengesetzte Funktion und eine Umkehrfunktion bilden als auch die Surjektivität, Injektivität und Bijektivität einer Funktion nachweisen.

Wir wollen nun noch einige wichtige Eigenschaften von Funktionen einer Variablen angeben:

Beschränktheit

(10.1) Definition

Eine Funktion $f : D \to \mathbb{R}$ heißt beschränkt, falls es ein abgeschlossenes Intervall $[a, b] \subset \mathbb{R}$ gibt, so daß für die Bildmenge $f[D]$ gilt:

$$f[D] \subset [a, b].$$

Beispiele:

Die Funktion

$$f : \mathbb{R} \to \mathbb{R}, f(x) = \frac{1}{1 + x^2}$$

ist beschränkt, da z. B. gilt:

$$f[\mathbb{R}] = (0, 1] \subset [-1, 2]$$

(Bild 2-2).

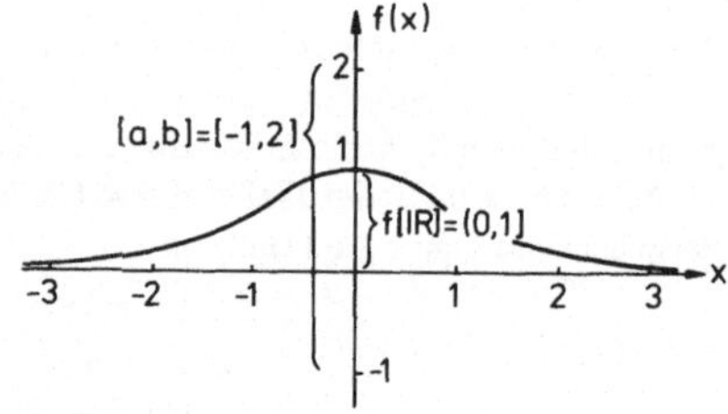

Bild 2-2

Dagegen ist die Funktion

$$f : \mathbb{R} \smallsetminus \{0\} \to \mathbb{R}, f(x) = \frac{1}{x^2}$$

nicht beschränkt wegen

$$f[\mathbb{R} \smallsetminus \{0\}] = \mathbb{R}_+ \smallsetminus \{0\}$$

(Bild 2-3).

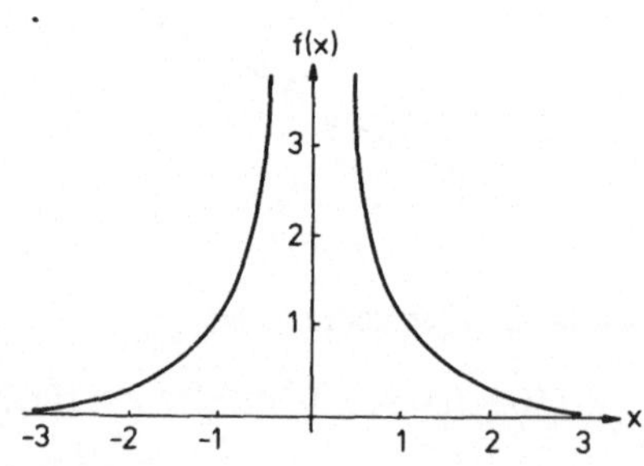

Bild 2-3

Monotonie

(10.2) Definition

Sei $I \subset \mathbb{R}$ ein Intervall und $f : I \to \mathbb{R}$ eine Funktion. Dann heißt:

(a) f monoton (streng monoton) fallend, falls für alle $x_1, x_2 \in I$ mit $x_1 < x_2$ gilt:

$$f(x_1) \geqslant f(x_2) \quad \text{bzw.} \quad (f(x_1) > f(x_2));$$

(b) f monoton (streng monoton) wachsend, falls für alle $x_1, x_2 \in I$ mit $x_1 < x_2$ gilt:

$$f(x_1) \leqslant f(x_2) \quad \text{bzw.} \quad (f(x_1) < f(x_2)).$$

Beispiele

(1) Die stückweise definierte Funktion

$$f(x) = \begin{cases} \dfrac{1}{x^2} & \text{für } x < -1 \\[2mm] 1 & \text{für } x \geqslant -1 \end{cases}$$

ist im Intervall $(-\infty, -1)$ streng monoton wachsend und im ganzen Definitionsbereich $\mathbb{R}$ monoton wachsend (Bild 2-4).

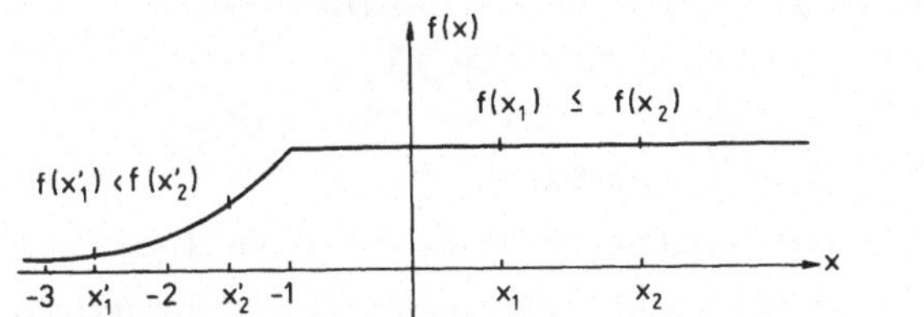

Bild 2-4

(2) Die Funktion

$$f(x) = \begin{cases} 1 & \text{für } 0 \leqslant x < 1 \\[2mm] \dfrac{1}{2} & \text{für } 1 \leqslant x < 2 \\[2mm] \dfrac{1}{x^2} & \text{für } \quad x \geqslant 2 \end{cases}$$

ist in den Intervallen $[0, 1)$ und $[1, 2)$ monoton fallend, in $[2, \infty)$ streng monoton
fallend und im ganzen Definitionsbereich $\mathbb{R}_+$ monoton fallend (Bild 2-5).

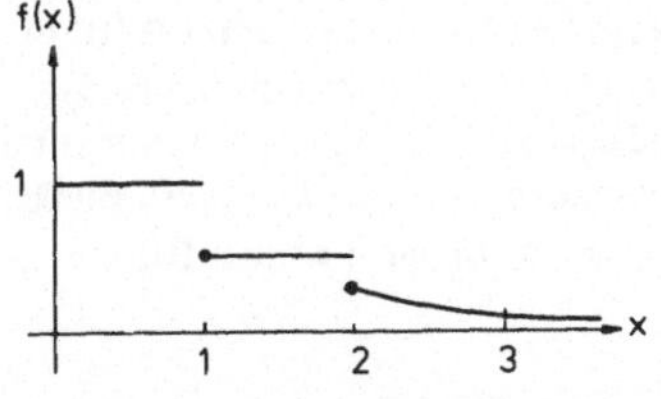

Bild 2-5

(3) Die Funktion $f(x) = x^2$ ist im ganzen Definitionsbereich $\mathbb{R}$ weder monoton fallend noch monoton steigend, da nämlich gilt:

für die Argumente $-2 < 1$ ist $f(-2) = 4 > f(1) = 1$ und
für die Argumente $1 < 2$ ist $f(1) = 1 < f(2) = 4$ (Bild 2-6).

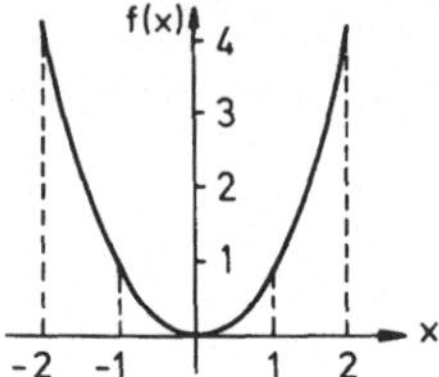

Bild 2-6

Konvexität bzw. Konkavität

(10.3) Definition

Sei $I \subset \mathbb{R}$ ein Intervall und $f : I \to \mathbb{R}$ eine Funktion. Dann heißt f
(a) *konvex*, falls für alle $x_1, x_2 \in I$ mit $x_1 < x_2$ gilt:

$$f(\lambda x_1 + (1 - \lambda) x_2) \leqslant \lambda f(x_1) + (1 - \lambda) f(x_2) \quad \text{für } \lambda \in [0, 1];$$

(b) *konkav*, falls für alle $x_1, x_2 \in I$ mit $x_1 < x_2$ gilt:

$$f(\lambda x_1 + (1 - \lambda) x_2) \geqslant \lambda f(x_1) + (1 - \lambda) f(x_2) \quad \text{für } \lambda \in [0, 1].$$

Diese Definition wollen wir nun noch in geometrischer Hinsicht interpretieren. Wir betrachten zwei verschiedene Punkte x_1 und x_2 aus dem Definitionsbereich. Es lassen sich dann alle Punkte, die auf der Geraden zwischen x_1 und x_2 liegen, durch geeignete Wahl von $\lambda \in [0, 1]$ in der Form $x = \lambda x_1 + (1 - \lambda) x_2$ ausdrücken (Bild 2-7). So ergibt sich beispielsweise für $\lambda = 1$ der Wert $x = x_1$, für $\lambda = 0$ der Wert $x = x_2$, für $\lambda = \frac{1}{2}$ der Streckenmittelpunkt $x = \frac{1}{2}(x_1 + x_2)$ usw.

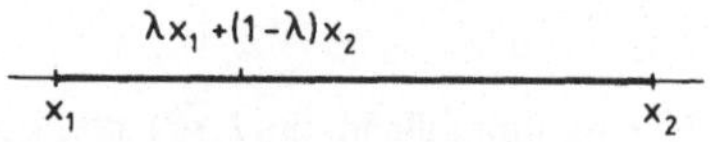

Bild 2-7

Auf analoge Weise erhält man natürlich auch alle Punkte, die auf der Geraden zwischen $f(x_1)$ und $f(x_2)$ liegen, in der Form $z = \lambda f(x_1) + (1 - \lambda) f(x_2)$ für $\lambda \in [0, 1]$.
Dies ergibt dann folgende anschauliche Interpretation der Definition (10.3):
Bei einer *konvexen* Funktion f liegt die Bildkurve für alle $x_1, x_2 \in I$ immer unterhalb der durch $f(x_1)$ und $f(x_2)$ gehenden Geraden; bei einer *konkaven* Funktion liegt die Bildkurve immer oberhalb dieser Geraden (Bilder 2-8 bis 2-10).

Beispiele

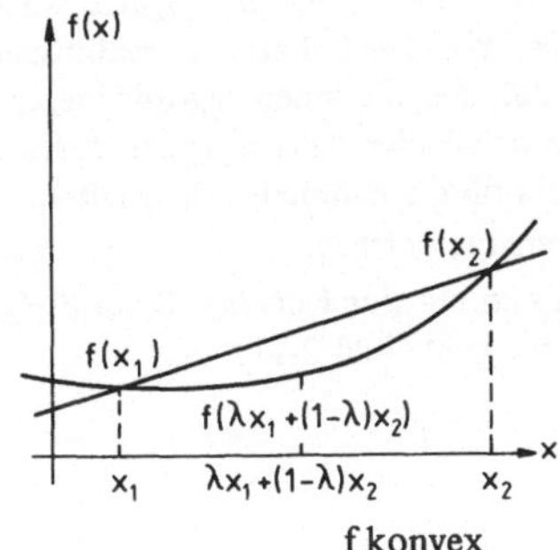

f konvex

Bild 2-8

f konkav

Bild 2-9

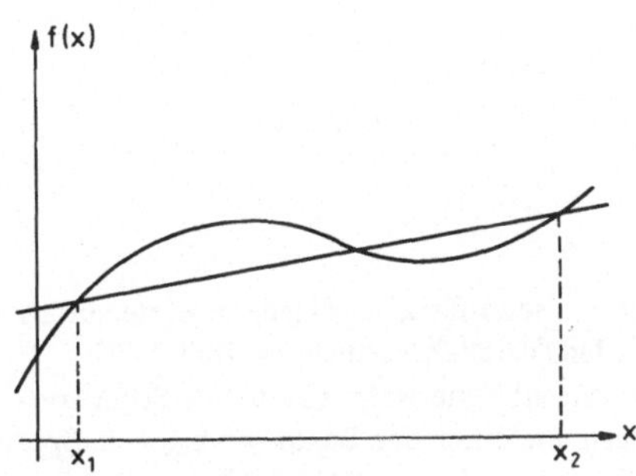

f weder konkav noch konvex

Bild 2-10

§ 11 Einige in den Wirtschaftswissenschaften verwendete Arten von Funktionen

In den Wirtschaftswissenschaften ist es oft sehr schwierig, für die funktionale Abhängigkeit zwischen zwei zahlenmäßig meßbaren Größen eine eindeutig festgelegte Zuordnungsvorschrift anzugeben. Aufgrund von theoretischen Überlegungen und empirischen Untersuchungen kann man jedoch vielfach zumindest eine Aussage über die Form einer solchen Funktion machen.

So kann man beispielsweise annehmen, daß sich in einem bestimmten ökonomischen Zusammenhang die abhängige Variable proportional zur unabhängigen Variable ändert oder daß y im Vergleich zu x quadratisch wächst bzw. abnimmt usw. Damit ist nun zwar der jeweilige Funktionstyp bestimmt, die genaue Lage und Steigung einer solchen Funktion ist jedoch in der Regel noch nicht bekannt.

Man setzt deshalb für diese Koeffizienten statt fester Zahlen einfach allgemeine reellwertige Parameter a, b, c, ... in die Funktion ein. Diese Parameter hängen etwa ab
von den Besonderheiten eines Marktes oder einer Volkswirtschaft, von technischen
Gegebenheiten usw. Sie ändern sich natürlich, falls sich die ihnen zugrundeliegenden
ökonomischen Bedingungen ändern. In bestimmten Fällen ist es möglich, durch die
Verwendung statistischer Methoden Schätzwerte für die Parameter zu erhalten.
Wir wollen nun einige dieser Funktionstypen genauer betrachten.

(a) Bei der Funktion $f(x) = a + bx$ handelt es sich um eine Gerade mit der Steigung
     b, die auf der y-Achse durch den Punkt $y = a$ geht (Bild 2-11).

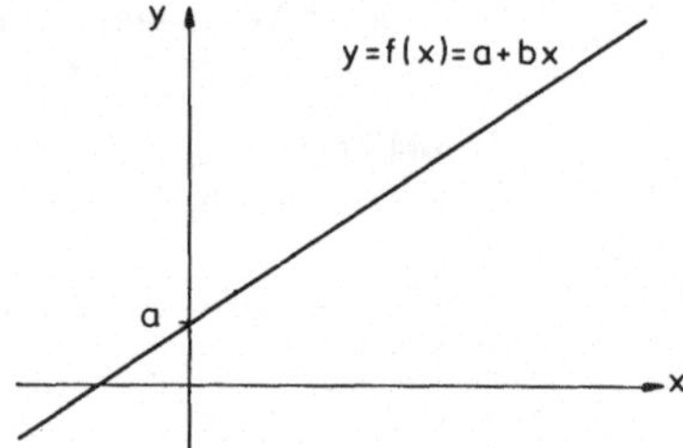

Bild 2-11

Hält man den Parameter b konstant und setzt für a verschiedene Werte ein, so
ergibt sich eine Schar paralleler Geraden (Parallelverschiebung; Bild 2-12).
Ist dagegen a fest, so erhält man für verschiedene Werte von b eine Schar von
Geraden mit verschiedenen Steigungen, die durch den Punkt $y = a$ gehen. Speziell
ergibt sich für $b = 0$ die konstante Funktion $f(x) = a$ (Bild 2-13).

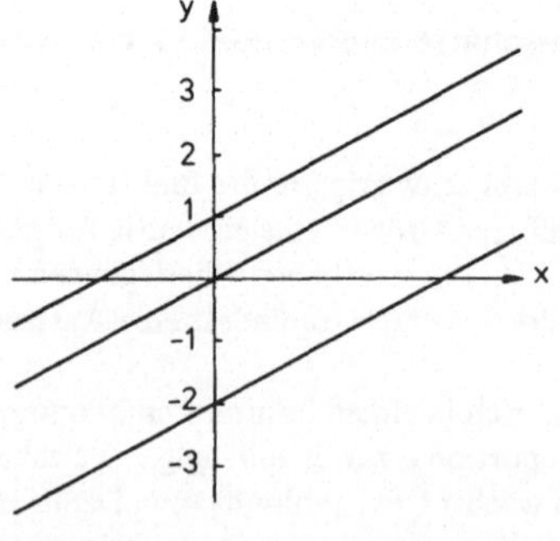

Bild 2-12

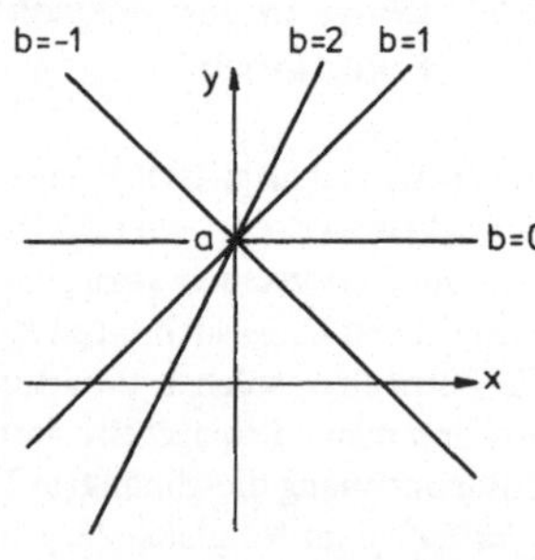

Bild 2-13

(b) Bei der Funktion

$$f(x) = b(x-a)^2$$

handelt es sich um eine Parabel, die um die Strecke a vom Nullpunkt verschoben ist und deren Steigung vom Parameter b abhängt. Für $b > 0$ ist die Parabel nach oben, für $b < 0$ nach unten geöffnet. Wir erhalten die in Bild 2-14 dargestellten Kurvenscharen.

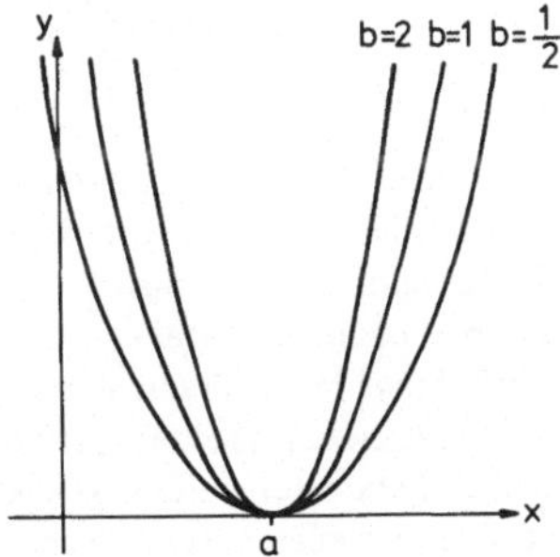

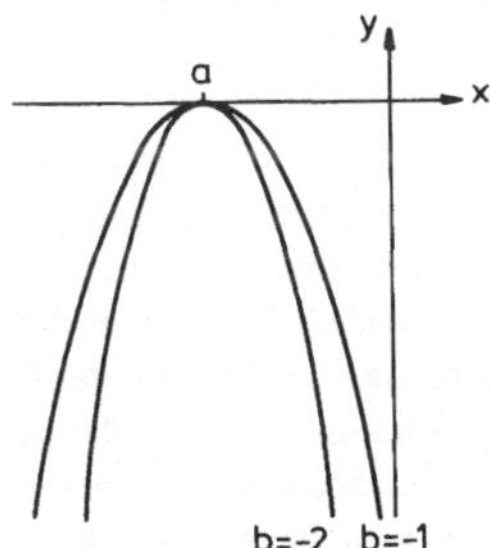

Bild 2-14

(c) Eine Funktion

$$f(x) = a_0 + a_1 x + a_2 x^2 + \ldots + a_n x^n$$

heißt ein Polynom vom Grad n ($n \in \mathbb{N}$). Es besitzt höchstens n reellwertige Nullstellen.

Beispiel

Die Funktion $f(x) = 5x^6 - x^2 + 2x + 1$ ist ein Polynom vom Grad $n = 6$.

(d) Der Quotient zweier Polynome vom Grad n und m

$$f(x) = \frac{a_0 + a_1 x + \ldots + a_n x^n}{b_0 + b_1 x + \ldots + b_m x^m}$$

heißt eine rationale Funktion. Diese Funktion ist natürlich nicht definiert für solche Argumente $x \in \mathbb{R}$, für die das Nennerpolynom gleich Null ist. An diesen Stellen kann die Funktion gegen Unendlich streben (Polstelle; Bild 2-15).

Wir wollen nun noch einige oft verwendete ökonomische Funktionen kurz beschreiben, ohne jedoch auf deren Voraussetzungen und Aussagefähigkeit sowie die Dimension der einzelnen Variablen genauer einzugehen. Bei den meisten Funktionen dieser Art hängt die abhängige Variable im allgemeinen von mehreren unabhängigen Vari-

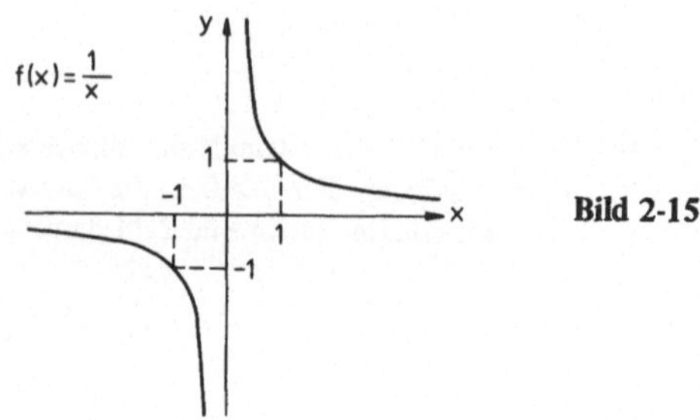

Bild 2-15

ablen ab. Man erhält daraus jedoch Funktionen von einer Variablen, indem man nur
eine Einflußgröße als variabel, die übrigen aber als konstant annimmt (ceteris-paribus-
Bedingung). Diese Vorgehensweise ist in vielen Fällen ökonomisch sinnvoll.
Der Definitionsbereich von ökonomischen Funktionen ist in der Regel eine beschränkte Menge, da Variable wie der Preis oder die Menge in der Praxis weder
negative Werte annehmen noch beliebig groß werden können. Außerdem gelten für
die in diesen Funktionen vorkommenden allgemeinen Parameter vielfach gewisse
Einschränkungen, um zu gewährleisten, daß die für den jeweiligen Zusammenhang
angenommenen ökonomischen Bedingungen erfüllt sind.

Konsumfunktion

Die Konsumfunktion $C(Y)$ beschreibt, wie der Gesamtverbrauch C (wertmäßiger
Verbrauch von Gütern und Dienstleistungen) einer Volkswirtschaft vom Volkseinkommen Y abhängt. Dabei wird üblicherweise eine Beziehung der Form

$$C = a + bY$$

mit $a > 0$ und $b > 0$ unterstellt. b stellt hierbei die marginale Konsumquote dar und
a den autonomen Konsum, der unabhängig vom Volkseinkommen getätigt wird
(Bild 2-16).

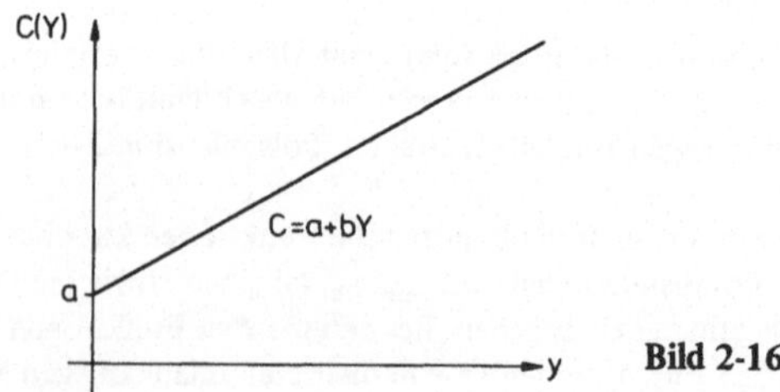

Bild 2-16

Nachfragefunktion

Die Nachfragefunktion $x = x(p)$ beschreibt die mengenmäßige Nachfrage x nach einem Gut in Abhängigkeit von dessen Preis p. Sie gibt also an, welche Menge bei einem bestimmten Preis abgesetzt wird. In vielen Fällen ist die Annahme gerechtfertigt, daß die Nachfragefunktion monoton fallend ist, wie dies z. B. bei der Funktion

$$x(p) = \frac{a - p}{b}$$

mit $a, b > 0$ der Fall ist (Bild 2-17).

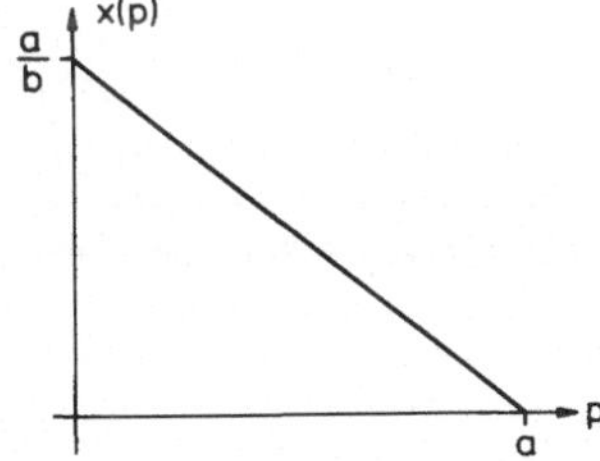

Bild 2-17

Weitere typische Formen von Nachfragefunktionen werden z. B. beschrieben durch die Gleichungen

$$x(p) = \frac{a - p^2}{b}, \quad x(p) = \frac{a}{p + b} - c, \quad x(p) = bp^{-a} + c \quad \text{mit } a, b, c > 0.$$

Umsatzfunktion

Die Umsatzfunktion U gibt an, welchen Erlös ein Anbieter erzielt, der von einem bestimmten Gut die Menge x zum Preis p absetzt. Sie ist definiert als das Produkt $U = p \cdot x$ und kann sowohl als Funktion $U(p) = p \cdot x(p)$ des Preises p als auch als Funktion $U(x) = x \cdot p(x)$ der Absatzmenge x aufgefaßt werden.
Ist z. B. die Nachfrage nach einem bestimmten Gut gegeben durch die Funktion

$$x(p) = \frac{a - p}{b},$$

so erhält man hieraus durch Auflösen nach p eine Funktion $p(x) = a - bx$. Die Umsatzfunktion $U(x)$ hat dann die Gestalt:

$$U(x) = x \cdot p(x) = ax - bx^2 \quad \text{(Bild 2-18).}$$

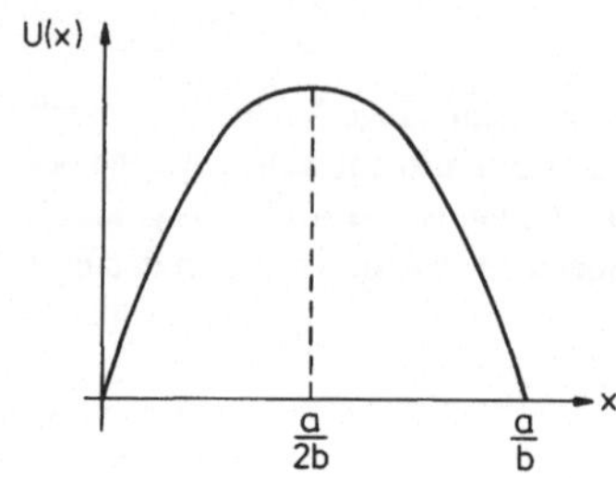

Bild 2-18

Kostenfunktion

Die Kostenfunktion beschreibt die gesamten Kosten eines Betriebes, die bei der Produktion der Menge x eines bestimmten Gutes anfallen. Man unterscheidet dabei zwischen den fixen Kosten K_f, die unabhängig von jeder Produktion auftreten und den variablen Kosten K_v, die mit der Ausbringungsmenge x in der Regel monoton wachsen. In vielen Fällen benützt man als Kostenfunktion ein Polynom dritten Grades:

$$K(x) = K_f + a_1 x - a_2 x^2 + a_3 x^3$$

mit $a_1, a_2, a_3 > 0$ (Bild 2-19).

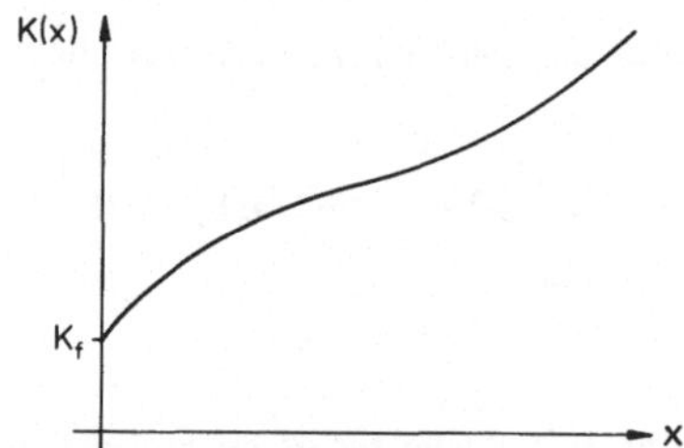

Bild 2-19

Es sind jedoch auch Kurvenverläufe gemäß den Funktionen

$$K(x) = K_f + ax, \quad K(x) = K_f + a_1 x + a_2 x^2,$$

$$K(x) = K_f + a_1 x \frac{x + a_2}{x + a_3} \quad \text{usw.}$$

denkbar. Bei vielen Untersuchungen ist auch noch die sogenannte Durchschnittskostenfunktion

$$\hat{K}(x) = \frac{K(x)}{x}$$

interessant, die die auf eine Mengeneinheit von x bezogenen Kosten angibt.

Gewinnfunktion

Die Gewinnfunktion $G(x)$ gibt an, welcher Gewinn beim Verkauf der Menge x eines Gutes erzielt wird. Sie ist definiert als der Unterschied zwischen dem bei der Menge x getätigten Erlös (Umsatz) und den hierbei anfallenden Gesamtkosten, d. h.

$$G(x) = U(x) - K(x).$$

Analog zur Kostenfunktion kann man auch wieder die Durchschnittsgewinnfunktion

$$\hat{G}(x) = \frac{G(x)}{x}$$

bilden.

§ 12 Grenzwerte von Funktionen und Stetigkeit

Der Begriff des Grenzwertes einer Funktion ist von zentraler Bedeutung für den Aufbau der Differential- und Integralrechnung und damit auch bei der Definition wichtiger wirtschaftstheoretischer Begriffe.

(12.1) Definition

Sei $f : D \to IR$ eine Funktion mit $D \subset IR$. Dann heißt f an einer Stelle x_0, die nicht notwendigerweise im Definitionsbereich D enthalten sein muß, konvergent gegen die Zahl $a_0 \in IR$, falls für jede gegen x_0 konvergente Folge von Argumenten x_n die Folge der Bildpunkte $f(x_n)$ gegen a_0 konvergiert, d. h. also:

$$f(x_n) \to a_0, \text{ falls } x_n \to x_0 \text{ für jede Folge } (x_n)_{n \in IN} \subset D.$$

Wir schreiben abkürzend:

$$a_0 = \lim_{x_n \to x_0} f(x_n) = \lim_{x \to x_0} f(x) \text{ (Bild 2-20).}$$

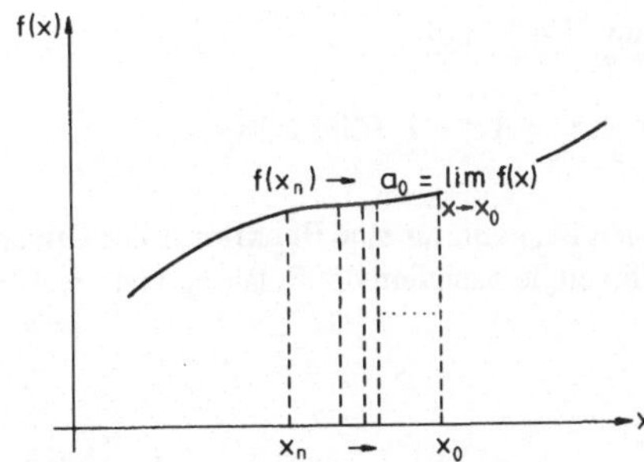

Bild 2-20

Beispiele

(1) Die Funktion

$$f : \mathbb{R} \to \mathbb{R}, \quad f(x) = a \ (= \text{const.})$$

besitzt für alle $x_0 \in \mathbb{R}$ den Grenzwert

$$\lim_{x \to x_0} f(x) = \lim_{x \to x_0} a = a \quad \text{(Bild 2-21)}.$$

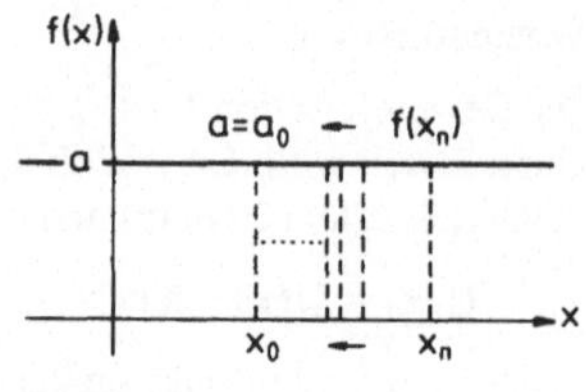

Bild 2-21

(2) Die Funktion

$$f : \mathbb{R} \to \mathbb{R}, \quad f(x) = a + bx$$

besitzt an jeder Stelle x_0 den Grenzwert

$$\lim_{x \to x_0} f(x) = \lim_{x \to x_0} (a + bx) = a + bx_0$$

(Bild 2-22).

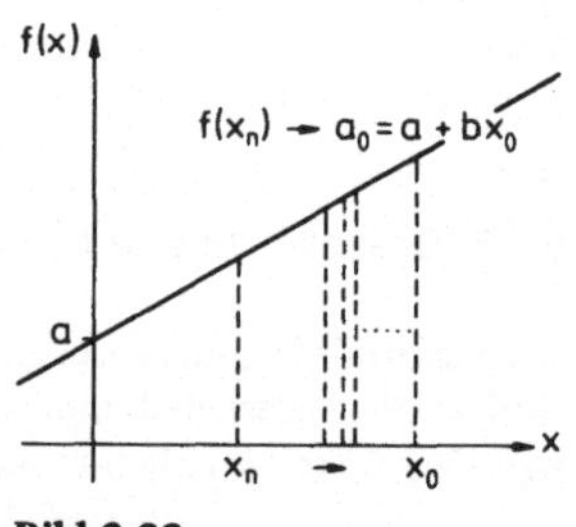

Bild 2-22

(3) Die Funktion

$$f : \mathbb{R} \setminus \{0\} \to \mathbb{R} \quad \text{mit}$$

$$f(x) = \begin{cases} 1, & \text{falls } x > 0 \\ -1, & \text{falls } x < 0 \end{cases}$$

besitzt an der Stelle $x_0 = 0$
keinen Grenzwert, da z. B.
für die Folgen $x_n = \frac{1}{n} \to x_0 = 0$

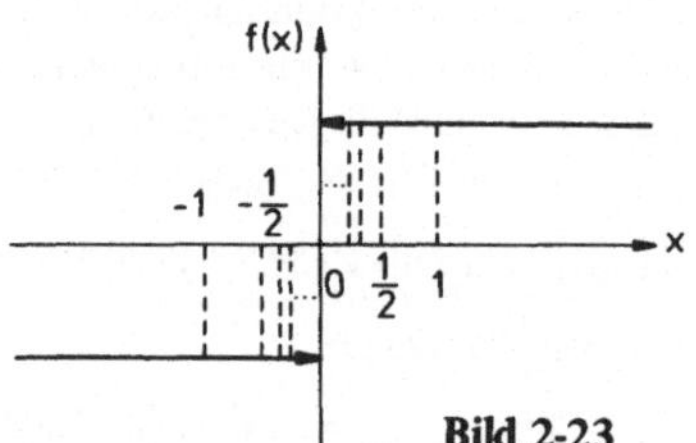

Bild 2-23

und $x_n' = -\frac{1}{n} \to x_0 = 0$ gilt:

$$\lim_{x_n \to x_0} f(x_n) = \lim_{n \to \infty} f\left(\frac{1}{n}\right) = \lim_{n \to \infty} 1 = 1 \quad \text{und}$$

$$\lim_{x_n' \to x_0} f(x_n') = \lim_{n \to \infty} f\left(-\frac{1}{n}\right) = \lim_{n \to \infty} -1 = -1 \quad \text{(Bild 2-23)}.$$

Wie aus dem letzten Beispiel ersichtlich ist, kann für eine Funktion f der Grenzwert $\lim_{x \to x_0} f(x)$ verschiedene Werte annehmen, je nachdem die Folge x_n von „rechts" oder „links" gegen x_0 konvergiert.

Wir setzen deshalb:

(12.2) Definition

Sei $f : D \to \mathrm{IR}$ eine Funktion. Dann heißt der Ausdruck

(a) $f_r(x_0) = \lim\limits_{\substack{x_n \to x_0 \\ x_0 < x_n \in D}} f(x_n)$ rechtsseitiger Grenzwert von f an der Stelle x_0;

(b) $f_l(x_0) = \lim\limits_{\substack{x_n \to x_0 \\ x_0 > x_n \in D}} f(x_n)$ linksseitiger Grenzwert von f an der Stelle x_0.

Man kann nun eine Aussage über die Existenz des Grenzwerts einer Funktion f an der Stelle x_0 machen gemäß

(12.3) Satz

Eine Funktion $f : D \to \mathrm{IR}$ besitzt in x_0 den Grenzwert $a_0 \in \mathrm{IR}$, falls links- und rechtsseitiger Grenzwert existieren und übereinstimmen, d. h. falls gilt:

$$f_l(x_0) = a_0 = f_r(x_0).$$

Beispiel

Bei der Funktion $f(x) = \begin{cases} 1 & \text{für } x > 0 \\ -1 & \text{für } x < 0 \end{cases}$ ist für $x_0 = 0$

$f_l(0) = -1$ und $f_r(0) = 1$. f besitzt also an dieser Stelle keinen Grenzwert.

Bemerkung: Von einem uneigentlichen Grenzwert spricht man, wenn an einer nicht dem Definitionsbereich angehörenden Stelle x_0 (z. B. einem Pol) der rechts- bzw. linksseitige Grenzwert gegen $\pm \infty$ strebt. Nähert sich dagegen die Funktion f für $x \to \pm \infty$ asymptotisch einer Geraden $y = b$, so nennt man $\lim\limits_{x \to \infty} f(x) = b$ bzw. $\lim\limits_{x \to -\infty} f(x) = b$ Grenzwerte im Unendlichen.

Beispiel

Bei der Funktion

$f : \mathrm{IR} \setminus \{0\} \to \mathrm{IR},$

$f(x) = \dfrac{1}{x} + b \, (b \in \mathrm{IR})$

ist für $x_0 = 0$, $f_l(0) = -\infty$ und $f_r(0) = \infty$ (Bild 2-24). Ferner ist $\lim\limits_{x \to \infty} f(x) = b$ und $\lim\limits_{x \to -\infty} f(x) = b$.

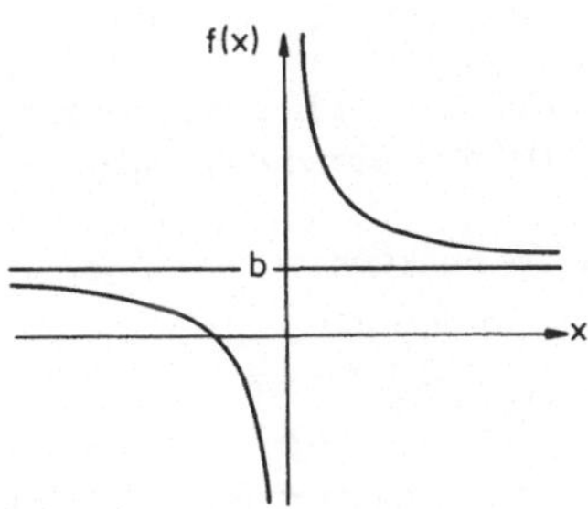

Bild 2-24

Für Grenzwerte von Funktionen halten wir noch folgende Eigenschaften fest:

(12.4) Satz

Es seien $f, g : D \to \mathbb{R}$ Funktionen mit $x_0 \in D$. Dann gilt für die Grenzwerte
$a_0 = \lim\limits_{x \to x_0} f(x)$ und $b_0 = \lim\limits_{x \to x_0} g(x)$:

(a) $\lim\limits_{x \to x_0} (f + g)(x) = \lim\limits_{x \to x_0} f(x) + \lim\limits_{x \to x_0} g(x) = a_0 + b_0$;

(b) $\lim\limits_{x \to x_0} (f \cdot g)(x) = \lim\limits_{x \to x_0} f(x) \cdot \lim\limits_{x \to x_0} g(x) = a_0 \cdot b_0$;

(c) $\lim\limits_{x \to x_0} \dfrac{f}{g}(x) = \dfrac{\lim\limits_{x \to x_0} f(x)}{\lim\limits_{x \to x_0} g(x)} = \dfrac{a_0}{b_0}$

для alle $x \in D$ mit $g(x) \neq 0$ und $b_0 \neq 0$.

Mit Hilfe des Grenzwertbegriffes wollen wir nun genau definieren, was wir unter einer stetigen Funktion verstehen:

(12.5) Definition

Sei $f : D \to \mathbb{R}$ eine Funktion. Dann heißt

(a) f in $x_0 \in D$ stetig, falls für jede Folge $(x_n)_{n \in \mathbb{N}} \subset D$ mit $x_n \to x_0$ gilt:

$$\lim\limits_{x \to x_0} f(x) = \lim\limits_{x_n \to x_0} f(x_n) = f(x_0);$$

(b) f stetig in D, falls f stetig ist für alle $x \in D$.

Beispiele

(1) Die Funktion

$f : \mathbb{R} \to \mathbb{R}, \ f(x) = ax + b$

ist stetig in jedem Punkt $x_0 \in \mathbb{R}$,
da gilt:

$$\lim\limits_{x \to x_0} f(x) = ax_0 + b = f(x_0)$$

(Bild 2-25). f ist also im ganzen
Definitionsbereich $\mathbb{R}$ stetig.

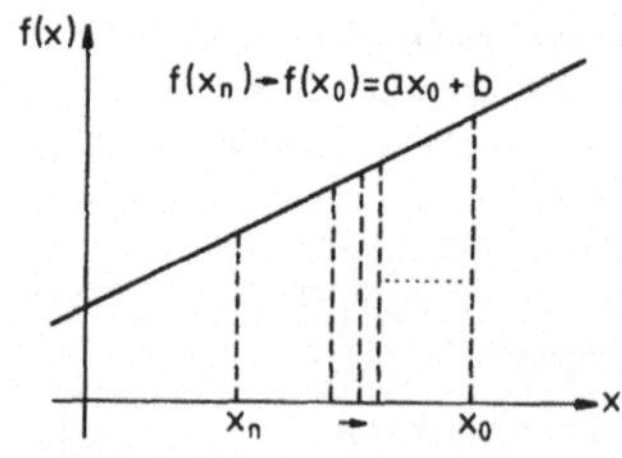

Bild 2-25

(2) Die Funktion

$f : \mathbb{R} \to \mathbb{R}$ mit

$$f(x) = \begin{cases} 1 & \text{für } x \neq 0 \\ 0 & \text{für } x = 0 \end{cases}$$

ist unstetig im Punkt $x_0 = 0$, da gilt:

$$\lim\limits_{x \to x_0} f(x) = 1 \neq f(0) = 0 \ (\text{Bild 2-26}).$$

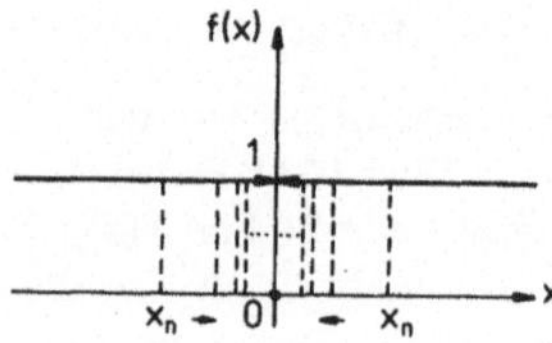

Bild 2-26

Eine Funktion f ist also an einer Stelle x_0 nur dann stetig, wenn der Grenzwert von f in x_0 existiert und mit dem Funktionswert $f(x_0)$ übereinstimmt. In geometrischer Hinsicht ist eine stetige Funktion dadurch charakterisiert, daß ihre Bildkurve keine „Sprünge" aufweist, sondern zusammenhängend ist.

Durch die Berechnung von rechts- und linksseitigen Grenzwerten kann man auf einfache Weise die Stetigkeit einer Funktion überprüfen wie folgt:

(12.6) Satz

Eine Funktion $f : D \to \mathbb{R}$ ist in $x_0 \in D$ stetig, falls gilt:

(a) es existieren die Grenzwerte $f_l(x_0)$ und $f_r(x_0)$ gemäß Definition (12.2);

(b) $f_l(x_0) = f_r(x_0) = f(x_0)$.

Aus stetigen Funktionen erhält man wiederum stetige Funktionen, wenn man auf sie folgende Rechenoperationen anwendet:

(12.7) Satz

Seien $f, g : D \to \mathbb{R}$ stetige Funktionen. Dann gilt:

(a) Die Funktionen $f \pm g$, $f \cdot g$, $\frac{f}{g}$ (für $g(x) \neq 0$) sind stetig;

(b) Existiert die zusammengesetzte Funktion $g \circ f$, so ist diese stetig;

(c) Existiert die Umkehrfunktion f^{-1}, so ist sie stetig.

Beispiele

(1) Aus den stetigen Funktionen $f(x) = 3$ und $g(x) = x^2$ erhält man die stetigen Funktionen

$$h_1(x) = 3 + x^2, \quad h_2(x) = 3x^2, \quad h_3(x) = \frac{3}{x^2} \quad \text{(für } x \neq 0\text{)}.$$

Mit Hilfe von (12.7) (a) kann man insbesondere zeigen, daß jedes Polynom und jede rationale Funktion (mit Ausnahme der Nullstellen des Nennerpolynoms) stetig sind.

(2) Aus den beiden stetigen Funktionen $f(x) = a + x^2$ und $g(x) = |bx|$ erhält man die zusammengesetzten Funktionen

$$(g \circ f)(x) = g(f(x)) = g(a + x^2) = |b(a + x^2)| = |ab + bx^2| \quad \text{und}$$

$$(f \circ g)(x) = f(g(x)) = f(|bx|) = a + b^2 x^2,$$

die ihrerseits wieder stetig sind.

(3) Als Umkehrfunktion der stetigen Funktion $f : \mathbb{R}_+ \to \mathbb{R}$, $f(x) = x^2$ erhält man die stetige Funktion $f^{-1}(x) = \sqrt{x}$.

Die Verwendung stetiger Funktionen in den Wirtschaftswissenschaften ist nicht unproblematisch. Voraussetzung dafür ist natürlich, daß sich sowohl die unabhängige als auch die abhängige Variable kontinuierlich verändern lassen. Dies ist aber in der Praxis nicht immer möglich. Dazu etwa folgendes

Beispiel

Die Preise für verschiedene Güter sind gestaffelt nach der Abnahmemenge x. So ergibt sich beispielsweise auf dem Markt für Heizöl die Preisfunktion

$$p(x) = \begin{cases} 80 \text{ für} & 0 < x \leqslant \ \ 500 \text{ Liter} \\ 70 \text{ für} & 500 < x \leqslant 1\,000 \text{ Liter} \\ 62 \text{ für} & 1\,000 < x \leqslant 1\,500 \text{ Liter} \\ 54 \text{ für} & 1\,500 < x \leqslant 2\,500 \text{ Liter} \\ 50 \text{ für} & 2\,500 < x \leqslant 5\,000 \text{ Liter} \end{cases}$$

Die Preise verstehen sich in DM pro 100 Liter. Hierbei kann man die unabhängige Variable, also die Absatzmenge x, ohne Schwierigkeit als kontinuierlich auffassen. Die abhängige Variable dagegen, also der Preis, ändert sich nur sprungweise. Eine solche unstetige Funktion nennt man ihrer Gestalt wegen auch eine Treppenfunktion (Bild 2-27).

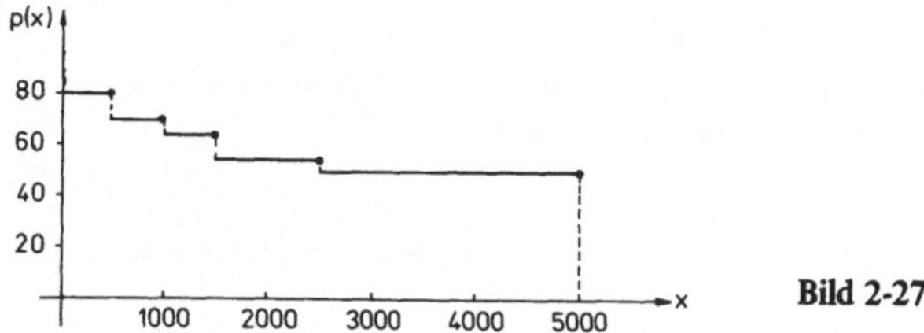

Bild 2-27

Viele in der Praxis auftretende Funktionen sind ihrer Natur nach unstetig. Man setzt aber häufig aus Bequemlichkeit trotzdem einen stetigen Verlauf voraus, wenn nämlich eine solche „angenäherte" Funktion und die der Realität entsprechende Funktion nur geringfügig voneinander abweichen.
Ist jedoch der Unterschied zwischen diesen beiden Funktionen zu groß, so muß die Annahme der Stetigkeit fallengelassen werden, da dies sonst zu Fehlinterpretationen führen würde. Für die meisten in der volkswirtschaftlichen Theorie betrachteten Funktionen wird Stetigkeit angenommen.

§ 13 Die Ableitung einer Funktion

In den Wirtschaftswissenschaften ist man naturgemäß besonders daran interessiert, in welcher Weise sich die verschiedenen ökonomischen Funktionen in Abhängigkeit von der unabhängigen Variablen verändern. Bei der Ermittlung solcher Änderungsraten stellt die Ableitung einer Funktion ein wichtiges Hilfsmittel dar. Daneben wird die Ableitung noch häufig dazu benützt, den Verlauf einer Funktion zu untersuchen (Kurvendiskussion).

In geometrischer Hinsicht versteht man unter der Ableitung einer Funktion f an der Stelle x_0 ihres Definitionsbereichs die Steigung der Tangente an die Funktion im Punkt x_0. Man berechnet diese Steigung der Tangente mit Hilfe eines Grenzprozesses, den wir nun anschaulich beschreiben wollen.

Dazu betrachten wir zunächst die Steigung einer Geraden $y = f(x)$. Diese ist für beliebige Argumente x_0 und x aus dem Definitionsbereich definiert als der Quotient zwischen der Differenz der Funktionswerte $f(x) - f(x_0)$ und der Differenz der Argumente $x - x_0$:

$$\text{Steigung einer Geraden} = \frac{f(x) - f(x_0)}{x - x_0} \quad \text{(Bild 2-28)}.$$

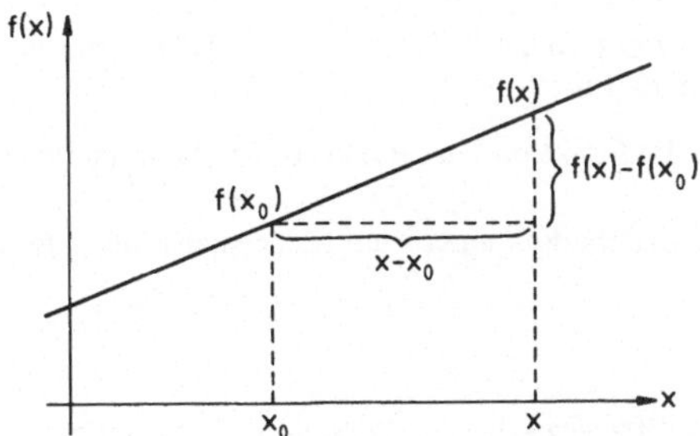

Bild 2-28

Man bezeichnet einen solchen Ausdruck auch als Differenzenquotienten.

Für eine beliebige Funktion $f(x)$ bilden wir nun, wie in Bild 2-29 angedeutet, eine Folge von Sekanten, die alle durch den Punkt $f(x_0)$ gehen und berechnen deren Steigungen.

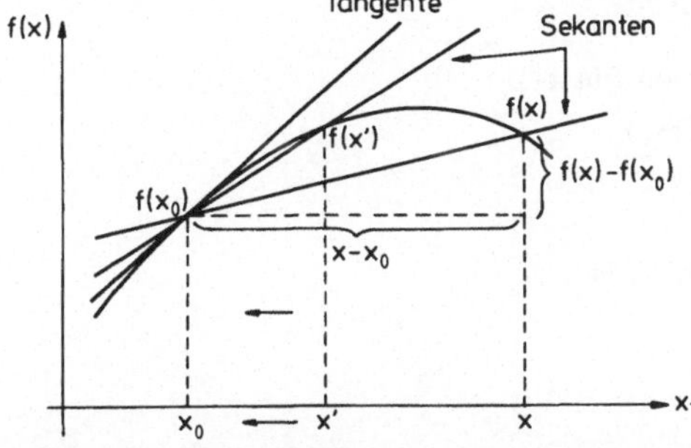

Bild 2-29

Wie man sieht, nähern sich die Steigungen der Sekanten immer mehr der Steigung der Tangente, wenn $x \to x_0$ strebt. Man setzt deshalb als Steigung der Tangente und folglich als Ableitung der Funktion f an der Stelle x_0 den Grenzwert der Differenzenquotienten, den sogenannten Differentialquotienten

$$\lim_{x \to x_0} \frac{f(x) - f(x_0)}{x - x_0} \, .$$

(13.1) Definition

Sei $I \subset \mathbb{R}$ ein Intervall und $f : I \to \mathbb{R}$ eine Funktion. Dann heißt f an der Stelle $x_0 \in I$ differenzierbar, wenn der Grenzwert

$$f'(x_0) = \lim_{x \to x_0} \frac{f(x) - f(x_0)}{x - x_0} \left(= \frac{df}{dx}(x_0) \right)$$

(sprich: f Strich von x_0 bzw. df nach dx an der Stelle x_0) existiert.
$f'(x_0)$ nennt man die Ableitung von f an der Stelle x_0 und f heißt differenzierbar in I, falls f für alle $x \in I$ differenzierbar ist.

Die Gleichung der Tangente an die Funktion f im Punkt x_0 hat dann die Form
$T(x) = f(x_0) + f'(x_0)(x - x_0)$.
Zwischen Stetigkeit und Differenzierbarkeit einer Funktion besteht folgender Zusammenhang.

(13.2) Satz

Ist die Funktion f im Punkt x_0 differenzierbar, so ist sie in x_0 auch stetig.

Zur Überprüfung der Differenzierbarkeit einer Funktion f an einer Stelle x_0 ist es in vielen Fällen günstig, rechts- und linksseitige Ableitungen zu bilden. Wir setzen:

(13.3) Definition

Sei $I \subset \mathbb{R}$ ein Intervall und $f : I \to \mathbb{R}$ eine Funktion sowie $x_0 \in I$. Dann heißt der Grenzwert

$$\text{(a)} \quad f'_r(x_0) = \lim_{\substack{x \to x_0 \\ x > x_0}} \frac{f(x) - f(x_0)}{x - x_0}$$

rechtsseitige Ableitung von f in x_0;

$$\text{(b)} \quad f'_l(x_0) = \lim_{\substack{x \to x_0 \\ x < x_0}} \frac{f(x) - f(x_0)}{x - x_0}$$

linksseitige Ableitung von f in x_0.

; gilt dann

3.4) Satz

ne Funktion $f : (a, b) \rightarrow \mathbb{R}$ ist differenzierbar in $x_0 \in (a, b)$, falls die rechts- und ıksseitigen Ableitungen von f in x_0 existieren und übereinstimmen, d. h. falls gilt:

$$f'_r(x_0) = f'_l(x_0).$$

:ispiele

) Bei der konstanten Funktion $f(x) = a \,(= const.)$ ist der Differentialquotient

$$\lim_{x \to x_0} \frac{f(x) - f(x_0)}{x - x_0} = \lim_{x \to x_0} \frac{a - a}{x - x_0} = 0 = f'(x_0)$$

für alle x_0 aus dem Definitionsbereich; es ist also die Ableitung $f'(x) = 0$ (Bild 2-30).

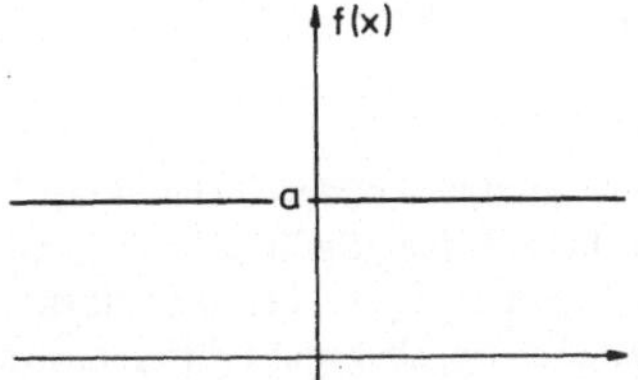

Bild 2-30

) Bei der Geradengleichung $f(x) = a + bx$ ist der Differentialquotient

$$\lim_{x \to x_0} \frac{f(x) - f(x_0)}{x - x_0} = \lim_{x \to x_0} \frac{[a + bx - (a + bx_0)]}{x - x_0} = \lim_{x \to x_0} b = b.$$

Die Ableitung $f'(x_0) = b$ stimmt also für alle x_0 aus dem Definitionsbereich mit der Steigung der Geraden überein (Bild 2-31).

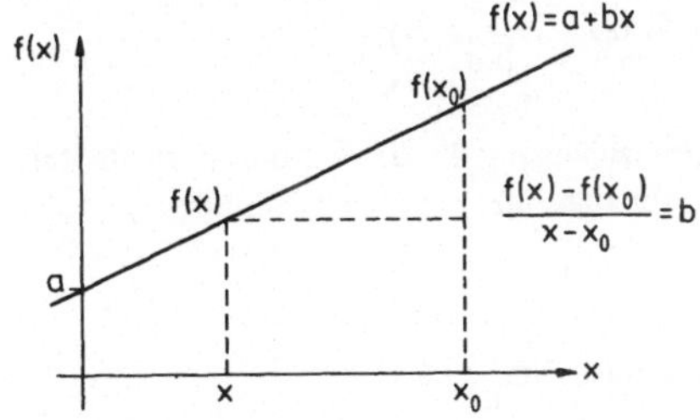

Bild 2-31

(3) Bei der Betragsfunktion $f(x) = |x| = \begin{cases} x & \text{für } x \geqslant 0 \\ -x & \text{für } x < 0 \end{cases}$

ist an der Stelle $x_0 = 0$ die

linksseitige Ableitung $f_l'(x_0) = -1$ und die

rechtsseitige Ableitung $f_r'(x_0) = 1$.

Die Funktion ist also in $x_0 = 0$ nicht differenzierbar, obwohl sie dort stetig ist
(Bild 2-32).

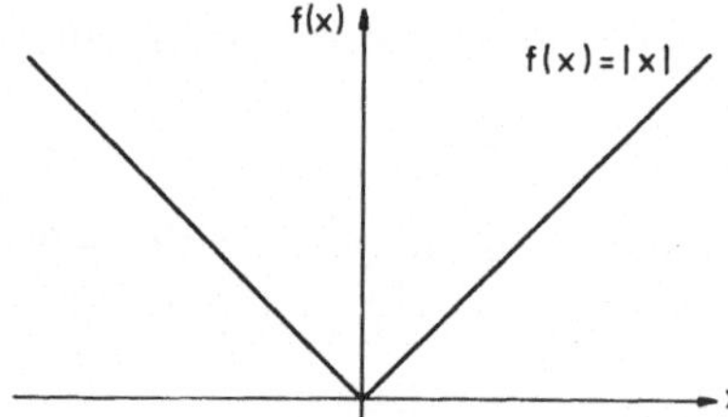

Bild 2-32

Bemerkung: Wie schon erwähnt, ist eine stetige Funktion dadurch charakterisiert, daß
ihre Bildkurve zusammenhängend ist. Sie weist also keine „Sprünge" auf, kann aber
Knickstellen enthalten, wie dies etwa bei der Funktion $f(x) = |x|$ der Fall ist. An
solchen Knickstellen ist die Funktion dann zwar stetig, aber nicht differenzierbar, da
die rechts- und linksseitigen Ableitungen nicht übereinstimmen. Bei einer differenzierbaren Funktion ist die Bildkurve also sowohl zusammenhängend als auch „glatt",
d. h. sie weist keine spitzen Stellen auf. Dies bedeutet jedoch keineswegs, daß eine
glatte Funktion überall differenzierbar ist.

Mit Hilfe der Differentialrechnung kann man auch eine häufig benötigte Formel herleiten, die näherungsweise angibt, wie sich eine kleine Änderung der unabhängigen
Variablen auf die abhängige Variable auswirkt. Erhöht man das Argument x_0 um
Δx, so führt dies bei der Funktion $y = f(x)$ zu einer Änderung der Funktionswerte
$\Delta y = f(x_0 + \Delta x) - f(x_0)$.

Der Differentialquotient von f in x_0 hat dann die Form

$$f'(x_0) = \lim_{\Delta x \to 0} \frac{f(x_0 + \Delta x) - f(x_0)}{\Delta x} = \lim_{\Delta x \to 0} \frac{\Delta y}{\Delta x}.$$

Führt man nun hierbei nicht den Grenzübergang für $\Delta x \to 0$ durch, so entsteht natürlich ein Fehler $\varepsilon(\Delta x)$, der von Δx abhängt, und man kann schreiben:

$$f'(x_0) + \varepsilon(\Delta x) = \frac{\Delta y}{\Delta x} \quad \text{bzw.}$$

$$\Delta y = f'(x_0) \cdot \Delta x + \varepsilon(\Delta x) \cdot \Delta x \text{ mit } \lim_{\Delta x \to 0} \varepsilon(\Delta x) = 0$$

Da $\epsilon(\Delta x)$ im allgemeinen sehr rasch gegen 0 konvergiert, gilt für genügend kleine Änderungen Δx die Näherungsformel

$$\Delta y \approx f'(x_0) \cdot \Delta x.$$

Geometrisch bedeutet dies, daß man im Intervall $[x_0, x_0 + \Delta x]$ bzw. $[x_0 - \Delta x, x_0]$ die Bildkurve der Funktion $y = f(x)$ durch ihre Tangente im Punkt x_0 ersetzt (Bild 2-33).

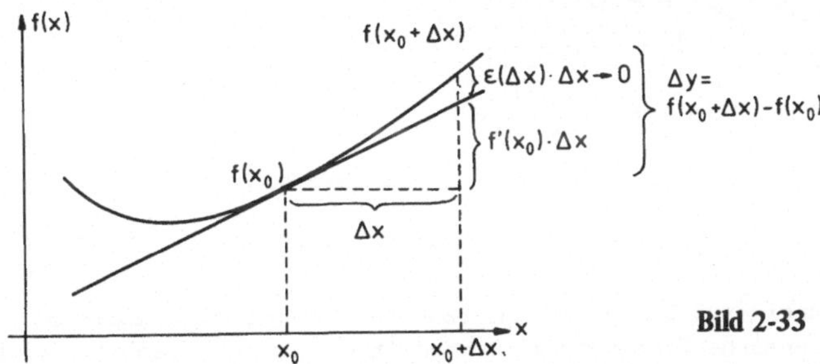

Bild 2-33

Man nennt $f'(x_0) \cdot \Delta x$ auch das Differential von f an der Stelle x_0 für den Zuwachs Δx und schreibt dafür auch $dy = f'(x_0)\, dx$. Wir werden darauf noch ausführlich in Kapitel IV eingehen.

Wir wollen nun noch auf die Bedeutung der im Zusammenhang mit der Differentialrechnung eingeführten Begriffe bei der Interpretation ökonomischer Funktionen eingehen. Allgemein kann man die Änderung der abhängigen Variablen in Bezug auf die unabhängige Variable mit einem Durchschnitts- und einem Grenzbegriff beschreiben, d. h. man unterscheidet zwischen einer „durchschnittlichen" und einer „marginalen" Änderungsrate.

Wird z. B. bei einer Kostenfunktion $k(x)$ die Produktion x_0 um Δx Einheiten erhöht, so wachsen die Kosten um den Betrag $\Delta k = k(x_0 + \Delta x) - k(x_0)$.

Der Differenzenquotient

$$\frac{\Delta k}{\Delta x} = \frac{k(x_0 + \Delta x) - k(x_0)}{\Delta x}$$

gibt dann den auf eine Einheit bezogenen Kostenzuwachs im Intervall $[x_0, x_0 + \Delta x]$ wieder (Bild 2-34).

Der Kostenzuwachs ist aber in der Regel nicht konstant, sondern für jede Ausbringungsmenge x_0 verschieden. Konvergiert daher $\Delta x \to 0$, so gibt der Differentialquotient

$$k'(x_0) = \lim_{\Delta x \to 0} \frac{k(x_0 + \Delta x) - k(x_0)}{\Delta x}$$

– falls er existiert – die Grenzkosten, d. h. die Steigung der Kostenfunktion bei der
Produktion von x_0 Einheiten an (Bild 2-35).

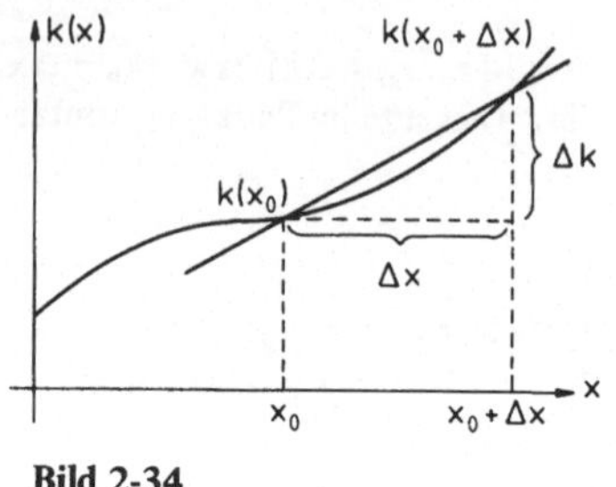

Bild 2-34   **Bild 2-35**

Mit Hilfe der Formel $\Delta k \approx k'(x_0) \cdot \Delta x$ beschreiben dann die Grenzkosten den Kostenzuwachs, der bei der Erhöhung der Ausbringungsmenge x_0 um eine Einheit zu erwarten ist.

Auf ähnliche Weise lassen sich Grenzumsatz, Grenzgewinn sowie die als marginale
Konsumquote oder Grenzneigung zum Konsum bezeichnete Ableitung der Konsumfunktion usw. interpretieren.

§ 14 Die Berechnung von Ableitungen

Ist eine Funktion $f : I \to \mathrm{IR}$ differenzierbar in I, so erhält man als Ableitung von f
eine neue Funktion $f' : I \to \mathrm{IR}$. Falls nun f' an einer Stelle x_0 nochmals differenzierbar ist, ergibt sich durch Ableitung von f' die sogenannte zweite Ableitung

$$(f')'(x_0) = f''(x_0) = \frac{d^2 f}{dx^2}(x_0) \text{ von f in } x_0.$$

Auf analoge Weise kann man eine dritte, vierte und auch eine n-te Ableitung bilden,
vorausgesetzt die entsprechenden Ableitungen sind in x_0 differenzierbar. Allgemein
nennen wir

$$(f^{(n-1)})'(x_0) = f^{(n)}(x_0) = \frac{d^n f}{dx^n}(x_0)$$

die n-te Ableitung von f in x_0.

Nach Definition (13.1) ist die Ableitung einer Funktion aus dem Grenzwert der
Differenzenquotienten zu berechnen. Eine solche Vorgehensweise würde aber die
Anwendungsmöglichkeiten der Differentialrechnung stark einschränken. Man müßte
nämlich für jede zu differenzierende Funktion an allen Stellen ihres Definitionsbereiches einen derartigen Grenzübergang durchführen.

Um dies zu vermeiden, berechnet man zunächst die Ableitung für einige Standard-
funktionen wie die Potenzfunktion sowie die Exponential- und Logarithmusfunktion
(siehe dazu § 15). Ferner gibt man allgemeine Regeln an, wie die aus solchen Standard-
funktionen zusammengesetzten Funktionen zu differenzieren sind.
Man kann diese Regeln alle mit Hilfe des Grenzwerts der Differenzenquotienten unschwer beweisen. Wir wollen jedoch hier auf die entsprechenden Beweise verzichten.

Die Ableitung der Potenzfunktion

(14.1) Satz

Die Ableitung der allgemeinen Potenzfunktion $f(x) = x^a$ mit $a \in \mathrm{IR}$ lautet:

$$f'(x) = ax^{a-1}.$$

Beispiele

$$f(x) = x^4, \ f'(x) = 4x^3 \, ;$$

$$f(x) = \frac{1}{x^2} = x^{-2}, \ f'(x) = -2x^{-3} = -\frac{2}{x^3} \, ;$$

$$f(x) = \frac{1}{\sqrt[3]{x^2}} = x^{-2/3}, \ f'(x) = -\frac{2}{3}x^{-5/3} = -\frac{2}{3} \cdot \frac{1}{\sqrt[3]{x^5}} \, .$$

Als Ableitungsregeln für die gemäß folgenden Rechenoperationen miteinander ver-
knüpften, in einem Intervall I differenzierbaren Funktionen halten wir fest:

Multiplikation einer Funktion mit einem konstanten Faktor

(14.2) Satz

Die Ableitung der Funktion $h(x) = \lambda f(x)$ mit $\lambda \in \mathrm{IR}$ lautet:

$$h'(x) = \lambda f'(x).$$

Beispiele

$$h(x) = 3x, \ h'(x) = 3;$$

$$h(x) = \frac{a}{x^n} = ax^{-n}, \ h'(x) = -nax^{-n-1} = -\frac{na}{x^{n+1}} \, .$$

Addition von Funktionen

(14.3) Satz

Die Ableitung einer Summe $h(x) = f(x) + g(x)$ lautet:

$$h'(x) = f'(x) + g'(x).$$

Beispiele

(1) $h(x) = a - bx^2 + \sqrt{cx} = a - bx^2 + \sqrt{c}\,x^{1/2}$,

$$h'(x) = -2bx + \sqrt{c} \cdot \frac{1}{2} x^{-1/2} = -2bx + \frac{\sqrt{c}}{2\sqrt{x}} \quad \text{(für } x \neq 0\text{)}.$$

(2) Ein Polynom $f(x) = a_0 + a_1 x + a_2 x^2 + \ldots + a_n x^n$ ist beliebig oft differenzierbar. Die einzelnen Ableitungen lauten:

$$f'(x) = a_1 + 2a_2 x + \ldots + na_n x^{n-1}$$
$$f''(x) = 2a_2 + \ldots + n(n-1)a_n x^{n-2}$$
$$\vdots$$
$$f^{(n)}(x) = n(n-1)(n-2) \cdot \ldots \cdot 1 \cdot a_n = n!\, a_n$$
$$f^{(n+1)}(x) = 0.$$

Produkt von Funktionen

(14.4) Satz

Die Ableitung des Produkts $h(x) = f(x) \cdot g(x)$ lautet:

$$h'(x) = f'(x)\, g(x) + f(x)\, g'(x).$$

Beispiele

(1) $h(x) = (2x + 1)(4 - x^2)$,
$\ h'(x) = 2(4 - x^2) + (2x + 1)(-2x) = 8 - 2x - 6x^2$.

(2) $h(x) = x^a (bx + c)$,
$\ h'(x) = ax^{a-1}(bx + c) + x^a b$.

(3) $h(x) = xf(x)$,
$\ h'(x) = f(x) + xf'(x)$,
$\ h''(x) = f'(x) + f'(x) + xf''(x) = 2f'(x) + xf''(x)$.

Quotient von Funktionen

(14.5) Satz

Die Ableitung des Quotienten $h(x) = \dfrac{f(x)}{g(x)}$ lautet für alle x mit $g(x) \neq 0$:

$$h'(x) = \frac{f'(x)\, g(x) - f(x)\, g'(x)}{g^2(x)}.$$

Beispiele

(1) $h(x) = \dfrac{x}{4 + x^2}$,

$$h'(x) = \frac{4 + x^2 - x \cdot 2x}{(4 + x^2)^2} = \frac{4 - x^2}{(4 + x^2)^2}.$$

(2) $h(x) = \dfrac{a}{x+b} - c \quad (x \neq -b)$,

$$h'(x) = -\frac{a}{(x+b)^2}.$$

(3) $h(x) = \dfrac{f(x)}{x} \quad$ (für $x \neq 0$),

$$h'(x) = \frac{f'(x)\,x - f(x)}{x^2},$$

$$h''(x) = \frac{1}{x^4}\left[(f''(x)\,x + f'(x) - f'(x))\,x^2 - (f'(x)\,x - f(x))\,2x\right] =$$

$$= \frac{f''(x)\,x^2 - 2f'(x)\,x + 2f(x)}{x^3}.$$

Zusammengesetzte Funktionen (Kettenregel)

(14.6) Satz

Es seien die Funktionen $f: I \to \mathbb{R}$ in $x_0 \in I$ und $g: \mathbb{R} \to \mathbb{R}$ in $y_0 = f(x_0)$ differenzierbar. Dann ist die zusammengesetzte Funktion $(g \circ f)$ in x_0 differenzierbar und es gilt für die Ableitung von $(g \circ f)$:

$$(g \circ f)'(x_0) = (g(f(x_0)))' = g'(f(x_0)) \cdot f'(x_0).$$

Beispiele

(1) Bei der Funktion $h(x) = g(f(x)) = \dfrac{1}{(ax^2 - bx)^2}$ ist $y = f(x) = ax^2 - bx$ und
$g(y) = \dfrac{1}{y^2} = y^{-2}$.
Wegen $f'(x) = 2ax - b$ und $g'(y) = -2y^{-3}$ gilt dann:
$h'(x) = g'(f(x))\,f'(x) = -2(ax^2 - bx)^{-3}(2ax - b) = -2\cdot\dfrac{2ax - b}{(ax^2 - bx)^3}$.

(2) Bei der Funktion $h(x) = g(xp(x))$ ist $f(x) = xp(x)$. Es gilt also wegen
$f'(x) = p(x) + xp'(x)$:
$h'(x) = g'(f(x))\,f'(x) = g'(xp(x))\,(p(x) + xp'(x))$.

(3) Die Funktion $h(x) = k(g(f(x))) = [(x^2 - a)^n - b]^m$ ist zusammengesetzt aus den
Funktionen

$y = f(x) = x^2 - a, \quad z = g(y) = y^n - b$ und $k(z) = z^m$.

Wegen $f'(x) = 2x$, $g'(y) = ny^{n-1}$ und $k'(z) = mz^{m-1}$ gilt dann:

$$h'(x) = k'(g(f(x))) \cdot g'(f(x)) \cdot f'(x) = m\,[y^n - b]^{m-1} \cdot n\,(x^2 - a)^{n-1} \cdot 2x =$$

$$= 2\,mnx\,[(x^2 - a)^n - b]^{m-1}(x^2 - a)^{n-1}.$$

Umkehrfunktionen

(14.7) Satz

Es sei $I \subset \mathbb{R}$ ein Intervall und $f : I \to \mathbb{R}$ eine differenzierbare Funktion. Existiert dann die Umkehrfunktion f^{-1}, so ist diese differenzierbar für alle $x \in I$ mit $f'(f^{-1}(x)) \neq 0$ und es gilt:

$$(f^{-1})'(x) = \frac{1}{f'(f^{-1}(x))} \ .$$

Beispiel

Die Funktion $f : \mathbb{R}_+ \to \mathbb{R}_+$, $f(x) = x^2$ besitzt die Umkehrfunktion $f^{-1} : \mathbb{R}_+ \to \mathbb{R}$, $f^{-1}(x) = \sqrt{x} = x^{1/2}$. Wegen $f'(x) = 2x$ ergibt sich dann aus der Formel $(f^{-1})'(x) = \frac{1}{f'(f^{-1}(x))}$:

$$(\sqrt{x})' = \frac{1}{f'(\sqrt{x})} = \frac{1}{2\sqrt{x}} = \frac{1}{2}\, x^{-1/2} \quad \text{für } x > 0.$$

§ 15 Die Exponential- und Logarithmusfunktion

Viele wichtige funktionale Zusammenhänge in den Wirtschaftswissenschaften, der Statistik usw. lassen sich nicht mit Hilfe der bisher betrachteten Funktionstypen beschreiben. Man benötigt dazu vielmehr Exponential- und Logarithmusfunktionen. Dies ist vor allem der Fall bei den sogenannten Wachstumsprozessen. Darüber hinaus werden Exponential- und Logarithmusfunktionen häufig auch zur Vereinfachung von Rechenoperationen und übersichtlichen Darstellung von Bildkurven benützt. Man kann die Exponentialfunktion auf verschiedene Weise definieren. Wir setzen hier:

(15.1) Definition

Die durch die Vorschrift

$$x \to \exp(x) = e^x = \sum_{n=0}^{\infty} \frac{x^n}{n!}$$

definierte Funktion $\exp : \mathbb{R} \to \mathbb{R}_+ \setminus \{0\}$ heißt (natürliche) Exponentialfunktion.

Die natürliche Exponentialfunktion stellt also nach unserer Definition eine unendliche Reihe der Form

$$e^x = \exp(x) = \sum_{n=0}^{\infty} \frac{x^n}{n!} = \frac{x^0}{0!} + \frac{x^1}{1!} + \frac{x^2}{2!} + \frac{x^3}{3!} + \ldots = 1 + x + \frac{x^2}{2} + \frac{x^3}{6} + \ldots$$

dar. Man kann zeigen, daß diese Reihe für alle $x \in \mathbb{R}$ konvergent ist.

Die wichtigsten Eigenschaften der Exponentialfunktion e^x sind:

(15.2) Satz

Für die e-Funktion gelten folgende Eigenschaften:

(a) $e^x > 0 \quad$ für alle $x \in \mathbb{R}$

$\quad\; e^x = 1 \quad$ für $x = 0$

$\quad\; e^x > 1 \quad$ für alle $x > 0$;

(b) $e^{x_1 + x_2} = e^{x_1} \cdot e^{x_2}$ und

$$e^{x_1 - x_2} = \frac{e^{x_1}}{e^{x_2}} \quad \text{für alle } x_1, x_2 \in \mathbb{R},$$

$$e^{ax} = (e^x)^a \quad \text{für } a \in \mathbb{R};$$

(c) Die Funktion $y = e^x$ ist streng monoton wachsend mit $\lim\limits_{x \to \infty} e^x = \infty$ und $\lim\limits_{x \to -\infty} e^x = 0$;

(d) Die Funktion $y = e^x$ ist differenzierbar (und deshalb auch stetig) für alle $x \in \mathbb{R}$ mit

$$(e^x)' = e^x.$$

Bemerkung: Man leitet diese Eigenschaften ab aus der unendlichen Reihe

$$e^x = \sum_{n=0}^{\infty} \frac{x^n}{n!} = 1 + x + \frac{x^2}{2} + \frac{x^3}{6} + \dots.$$

So ist z. B.

$\exp(0) = e^0 = 1 + 0 + 0 + \dots = 1$ und

$\exp(x) = e^x = 1 + x + \dfrac{x^2}{2} + \dots > 1$ für $x > 0$.

Da die Reihe konvergent ist, darf man sie ferner gliedweise differenzieren und es gilt:

$$(e^x)' = \left(1 + x + \frac{x^2}{2} + \frac{x^3}{6} + \dots\right)' = 0 + 1 + \frac{2x}{2} + \frac{3x^2}{6} + \dots =$$

$$= 1 + x + \frac{x^2}{2} + \dots = e^x.$$

Beispiele

(1) $f(x) = be^{ax}, \; f'(x) = abe^{ax}$;

(2) $f(x) = g(e^{-ax^2}), \; f'(x) = g'(e^{-ax^2}) \cdot e^{-ax^2} \cdot (-2ax)$;

(3) $f(x) = \dfrac{a}{1 + be^{-x}} = a(1 + be^{-x})^{-1}$,

$$f'(x) = -a(1 + be^{-x})^{-2}(-be^{-x}) = ab\frac{e^{-x}}{(1 + be^{-x})^2}.$$

Aus den in Satz (15.1) angegebenen Eigenschaften kann man nun erkennen, daß alle Bildkurven der Funktion $y = f(x) = e^{ax}$ die Ordinate im Punkt $y = 1$ schneiden. Für $a > 0$ ist die Funktion streng monoton wachsend, für $a < 0$ ist sie streng monoton fallend (Bild 2-36).

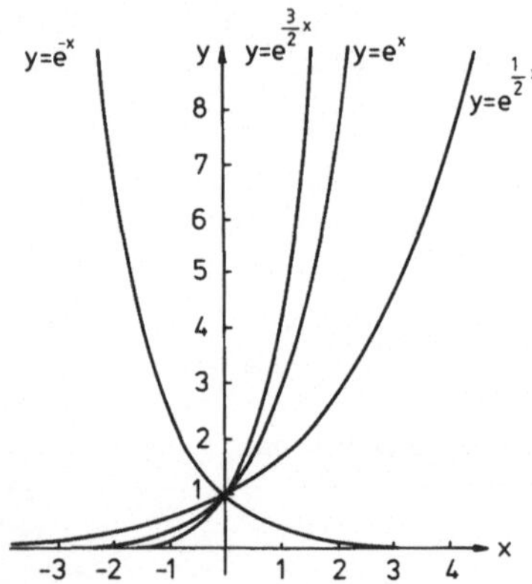

Bild 2-36

Die Funktion $y = f(x) = be^{x}$ schneidet die Ordinate im Punkt $y = b$ und ist für $b > 0$ streng monoton steigend, für $b < 0$ streng monoton fallend.

Bemerkung: Für den Wert $x = 1$ kann die Exponentialfunktion e^{x} auch mit Hilfe der Folge $a_n = (1 + \frac{1}{n})^n$ berechnet werden. Als Grenzwert ergibt sich hierbei die sogenannte Eulersche Zahl

$$e = e^1 = \lim_{n \to \infty} \left(1 + \frac{1}{n}\right)^n = 2{,}71828 \ldots$$

Da die Exponentialfunktion bijektiv ist, existiert auch deren inverse Funktion. Man bezeichnet diese Umkehrfunktion als Logarithmusfunktion.

(15.3) Definition

Die Umkehrfunktion der (natürlichen) Exponentialfunktion

$$\ln : \mathbb{R}_+ \setminus \{0\} \to \mathbb{R}$$

heißt (natürliche) Logarithmusfunktion.

Es ist also

$$(\ln \circ \exp)(x) = \ln(e^{x}) = x \quad \text{und}$$
$$(\exp \circ \ln)(x) = e^{\ln x} = x.$$

Durch Spiegelung der e-Funktion an der Geraden $y = x$ erhält man dann sofort die Bildkurve der Funktion $y = f(x) = \ln x$ (Bild 2-37).

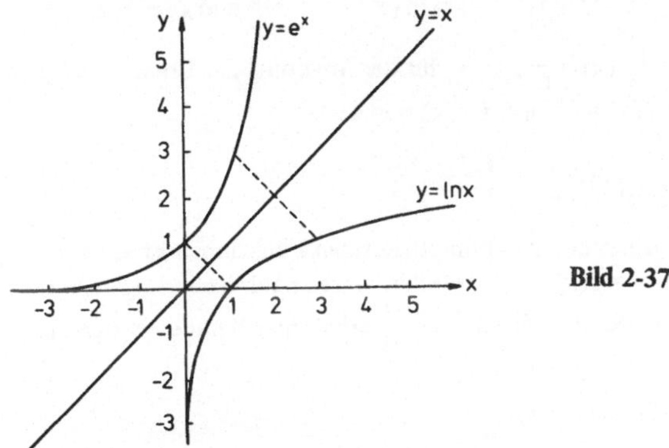

Bild 2-37

Analog zur Exponentialfunktion halten wir fest:

(15.4) Satz

Die ln-Funktion erfüllt die folgenden Eigenschaften:

(a) $\ln x < 0$ für $0 < x < 1$

    $\ln x = 0$ für $x = 1$

    $\ln x > 0$ für $x > 1$;

(b) $\ln(x_1 \cdot x_2) = \ln x_1 + \ln x_2$ und

$$\ln\left(\frac{x_1}{x_2}\right) = \ln x_1 - \ln x_2 \quad \text{für alle } x_1, x_2 \in \mathbb{R} \text{ mit } x_1, x_2 > 0$$

$\ln(x^a) = a \ln x$ für $a \in \mathbb{R}$;

(c) Die Funktion $y = \ln x$ ist streng monoton wachsend mit $\lim\limits_{x \to \infty} \ln x = \infty$ und $\lim\limits_{x \to 0} \ln x = -\infty$;

(d) Die Funktion $y = \ln x$ ist differenzierbar (und deshalb auch stetig) für alle $x \in \mathbb{R}_+ \setminus \{0\}$ mit

$$(\ln x)' = \frac{1}{x};$$

(e) Ist die Funktion $g(x) \neq 0$ differenzierbar, so gilt für die Ableitung der Funktion $f(x) = \ln(|g(x)|)$ die Formel:

$$f'(x) = \frac{g'(x)}{g(x)}.$$

Bemerkung: Diese Eigenschaften lassen sich unschwer aus den entsprechenden Eigenschaften der Exponentialfunktion, Satz (15.2), herleiten. So gilt z. B.

$$\ln(x_1 \cdot x_2) = \ln(e^{\ln x_1} \cdot e^{\ln x_2}) = \ln(e^{\ln x_1 + \ln x_2}) = \ln x_1 + \ln x_2.$$

Aus der Formel $(f^{-1})'(x) = \dfrac{1}{f'(f^{-1}(x))}$ für die Ableitung der Umkehrfunktion erhält man ferner wegen $f(x) = e^x$ und $f^{-1}(x) = \ln x$:

$$(\ln x)' = \frac{1}{f'(\ln x)} = \frac{1}{e^{\ln x}} = \frac{1}{x}.$$

Besonders bei der Ableitung von komplizierteren Funktionen ist es vielfach günstig, nicht die Funktion $y = f(x)$ selbst, sondern deren natürlichen Logarithmus $\ln |f(x)|$ zu differenzieren. Wegen $(\ln|f(x)|)' = \dfrac{f'(x)}{f(x)}$ erhält man dann die sogenannte logarithmische Ableitung:

$$f'(x) = (\ln|f(x)|)' \cdot f(x).$$

Beispiele

(1) $f(x) = a \ln(bx^2 - c),$

$\qquad f'(x) = 2ab\,\dfrac{x}{bx^2 - c};$

(2) $f(x) = \sqrt[3]{\dfrac{(x-2)^2}{x^2 + 1}} = \left[\dfrac{(x-2)^2}{x^2 + 1}\right]^{1/3},$

$\qquad \ln f(x) = \dfrac{1}{3} \ln\left[\dfrac{(x-2)^2}{x^2 + 1}\right] = \dfrac{1}{3}[2\ln(x-2) - \ln(x^2 + 1)],$

$\qquad (\ln f(x))' = \dfrac{1}{3}\left[\dfrac{2}{x-2} - \dfrac{2x}{x^2 + 1}\right] = \dfrac{2}{3}\left[\dfrac{2x+1}{(x-2)(x^2+1)}\right],$

$\qquad f'(x) = \dfrac{2}{3}\left[\dfrac{2x+1}{(x-2)(x^2+1)}\right]\sqrt[3]{\dfrac{(x-2)^2}{x^2+1}};$

(3) $f(x) = x^a e^{-\frac{b}{2}(x-c)^2}, \quad x > 0.$

$\qquad \ln f(x) = \ln x^a + \ln e^{-\frac{b}{2}(x-c)^2} = a\ln x - \dfrac{b}{2}(x-c)^2,$

$\qquad (\ln f(x))' = \dfrac{a}{x} - b(x-c) = \dfrac{a}{x} - bx + bc,$

$\qquad f'(x) = \left(\dfrac{a}{x} - bx + bc\right) x^a e^{-\frac{b}{2}(x-c)^2}.$

Bemerkung: Für $a > 0$ bezeichnet man die für alle $x \in \mathbb{R}$ definierte Funktion $f(x) = a^x$ als *allgemeine* Exponentialfunktion zur Basis a und ihre Umkehrfunktion

$f(x) = {}^a\!\log x$ als *allgemeine* Logarithmusfunktion zur Basis a. Als Spezialfall erhält man hierbei die natürliche Exponential- und Logarithmusfunktion, wenn man als Basis die Zahl e nimmt. Wie man leicht sieht, besteht zwischen der allgemeinen und der natürlichen Exponentialfunktion die Beziehung

$$a^x = e^{\ln a^x} = e^{x \ln a}.$$

Durch Logarithmieren von $x = e^{\ln x} = a^{{}^a\!\log x}$ erhält man ferner die folgende Umrechnungsformel zwischen der allgemeinen und der natürlichen Logarithmusfunktion

$$\ln x = \ln \left(a^{{}^a\!\log x}\right) = \left({}^a\!\log x\right) \ln a \quad \text{bzw.} \quad {}^a\!\log x = \frac{\ln x}{\ln a}.$$

Die graphische Darstellung von Funktionen wird oft dadurch vereinfacht, daß man von einem rechtwinkligen (x, y)-Koordinatensystem zu einem sogenannten halblogarithmischen Koordinatensystem übergeht. Man trägt dabei auf der Ordinate nicht $f(x)$, sondern die Funktion $\ln f(x)$ ab. Bei der Exponentialfunktion $f(x) = b a^x$ mit $b > 0$ und $a > 0$ stellen dabei die Bildkurven Geraden dar der Form

$$\ln f(x) = \ln b + x \ln a \quad \text{(Bild 2-38)}.$$

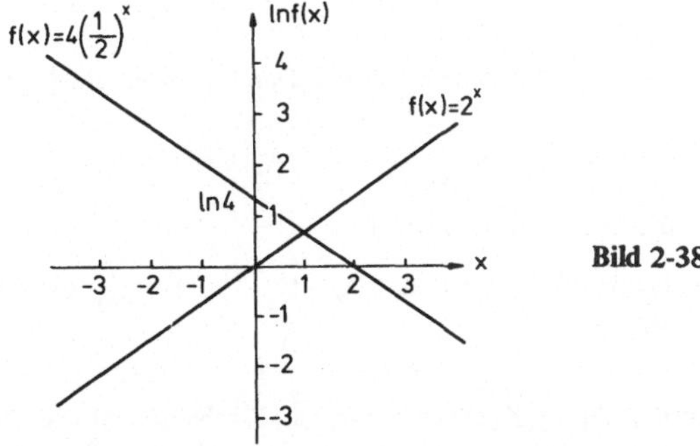

Bild 2-38

§ 16 Wachstumsraten und Elastizitäten

Die Wachstumsfunktion $y = f(t)$ beschreibt das Wachstum einer ökonomischen Größe wie z. B. der Bevölkerung, des Kapitalstocks usw. in Abhängigkeit von der Zeit t. Wir wollen hier vor allem solche Wachstumsfunktionen betrachten, bei denen die abhängige Variable in jeder Periode um denselben Prozentsatz zunimmt. Dies ist z. B. der Fall bei einem Kapital K_0, das zu einem Zinssatz p auf Zinseszinsen angelegt ist. Wie in § 7 abgeleitet wurde, hat das nach t Perioden zur Verfügung stehende Kapital den Wert

$$K(t) = K_0 (1 + p)^t.$$

Wir nehmen nun an, daß jede Periode weiter unterteilt wird in n gleiche Zeitabstände. Wird dann das in jeder dieser nt Perioden vorhandene Kapital zu $\frac{p}{n}$ % verzinst, so ergibt sich:

$$K(t) = K_0 \left(1 + \frac{p}{n}\right)^{nt}.$$

Für $n \to \infty$ werden die Zeitabstände immer geringer, so daß praktisch zu jedem Zeitpunkt eine Verzinsung erfolgt. Als Grenzwert erhalten wir:

$$K(t) = \lim_{n \to \infty} K_0 \left(1 + \frac{p}{n}\right)^{nt} = K_0 \left[\lim_{n \to \infty} \left(1 + \frac{1}{\left(\frac{n}{p}\right)}\right)^{\frac{n}{p}}\right]^{pt} = K_0(e^1)^{pt} = K_0 e^{pt}.$$

Man nennt dies eine stetige, d. h. kontinuierliche Verzinsung. Auf analoge Weise kann man zeigen, daß sich die Wachstumsprozesse für viele andere ökonomische Größen durch eine Exponentialfunktion beschreiben lassen.
Als Wachstumsrate bezeichnet man im allgemeinen die relative Änderung $\frac{f'(t)}{f(t)}$, die näherungsweise angibt, um welchen Prozentsatz sich die Wachstumsfunktion $f(t)$ pro Zeiteinheit ändert.

(16.1) Definition

Sei $I \subset \mathrm{IR}$ ein Intervall und $f : I \to \mathrm{IR}$ differenzierbar in I. Dann heißt die Funktion

$$\hat{f}(t) = \frac{f'(t)}{f(t)}$$

für alle $t \in \mathrm{IR}$ mit $f(t) \neq 0$ die Wachstumsrate von f.

Wie man leicht sieht, stellt also die Wachstumsrate $\hat{f}(t) = (\ln |f(t)|)' = \frac{f'(t)}{f(t)}$ die Steigung der Funktion $\ln |f(t)|$ dar.

Beispiele

(1) Bei der stetigen Verzinsung $K(t) = K_0 e^{pt}$ ergibt sich als Wachstumsrate der Zinssatz p:

$$\hat{K}(t) = \frac{K'(t)}{K(t)} = \frac{pK_0 e^{pt}}{K_0 e^{pt}} = p.$$

(2) $f(t) = \dfrac{a}{1 + e^{g(t)}}$,

$$\ln |f(t)| = \ln \frac{|a|}{1 + e^{g(t)}} = \ln |a| - \ln(1 + e^{g(t)}),$$

$$\hat{f}(t) = (\ln |f(t)|)' = - \frac{g'(t) e^{g(t)}}{1 + e^{g(t)}}.$$

Bei der Untersuchung vieler funktionaler Zusammenhänge in den Wirtschaftswissenschaften tritt die Frage auf, wie stark die abhängige Variable auf eine Veränderung der unabhängigen Variablen „reagiert". Betrachten wir dazu etwa die Nachfragefunktion $x = x(p) = 100 - p$ (Bild 2-39).

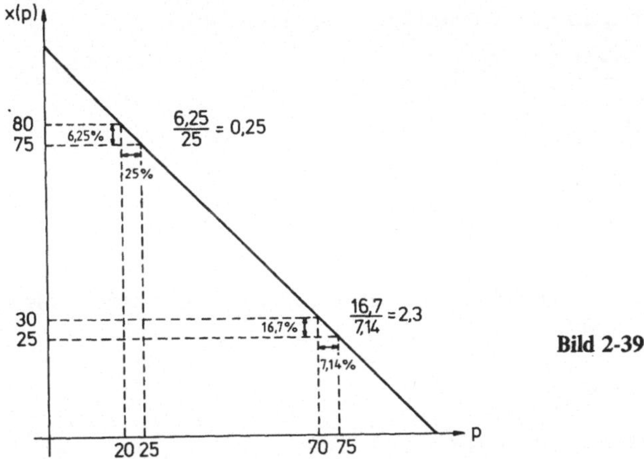

Bild 2-39

Eine Erhöhung des Preises von 20 DM auf 25 DM führt dabei zu einer Senkung des Absatzes von 80 auf 75 ME und eine Erhöhung des Preises von 70 DM auf 75 DM ergibt einen Absatzrückgang von 30 auf 25 ME.

Es führt hier also jeweils eine absolute Preiserhöhung von 5 DM zu einer absoluten Senkung der Nachfrage von 5 ME. Trotzdem wirkt sich aber die Steigerung des niedrigeren Preises anders auf die Nachfrage aus als die Steigerung des höheren Preises. Man sieht dies erst, wenn man statt der *absoluten* die *relativen*, d. h. die prozentualen Änderungen betrachtet.

In unserem Beispiel führt beim Niveau von 20 DM eine 25 %-ige Preiserhöhung zu einer Abnahme der Nachfrage um 6,25 %, während beim Niveau von 70 DM durch eine Preissteigerung von 7,14 % die Nachfrage um 16,7 % verringert wird. Aus den beiden Quotienten $\frac{6,25}{25} = 0,25$ und $\frac{16,7}{7,14} = 2,3$ kann man dann erkennen, daß die Nachfrage bei den beiden Preisniveaus unterschiedlich stark auf Preiserhöhungen reagiert.

Allgemein stellt das Verhältnis

$$\frac{f(x_0 + \Delta x) - f(x_0)}{f(x_0)} : \frac{\Delta x}{x_0} = \frac{f(x_0 + \Delta x) - f(x_0)}{f(x_0)} \cdot \frac{x_0}{\Delta x}$$

zwischen der relativen Änderung der abhängigen Variablen $y = f(x)$ und der relativen Änderung der unabhängigen Variablen x eine Maßzahl für die Reaktion der Funktion f auf eine Erhöhung bzw. Verminderung von x_0 um Δx dar. Man nennt diesen

Quotienten auch die durchschnittliche relative Änderung von f im Intervall
$[x_0, x_0 + \Delta x]$ bzw. $[x_0 - \Delta x, x_0]$ in Bezug auf die relative Änderung der unabhängigen
Variablen x.

Aus dieser auf ein Intervall bezogenen durchschnittlichen Änderungsrate erhält man
den Quotienten der relativen Änderungen von f im Punkt x_0, wenn man wie in § 13
den Grenzübergang $\Delta x \to 0$ durchführt. Es ergibt sich dann:

$$\lim_{\Delta x \to 0} \frac{f(x_0 + \Delta x) - f(x_0)}{f(x_0)} \cdot \frac{x_0}{\Delta x} = \frac{x_0}{f(x_0)} \lim_{\Delta x \to 0} \frac{f(x_0 + \Delta x) - f(x_0)}{\Delta x} =$$

$$= x_0 \cdot \frac{f'(x_0)}{f(x_0)} \, .$$

Für diesen Ausdruck hat sich die folgende Bezeichnung eingebürgert:

(16.2) Definition

Sei $I \subset$ IR ein Intervall und $f : I \to$ IR differenzierbar in I. Dann heißt für alle $x_0 \in I$
mit $f(x_0) \neq 0$ der Grenzwert

$$\epsilon_f(x_0) = x_0 \, \frac{f'(x_0)}{f(x_0)}$$

die *Elastizität* von f im Punkt x_0.

Beispiele

(1) $f(x) = a + bx; \quad \epsilon_f(x) = \dfrac{bx}{a + bx} \, .$

(2) $f(x) = \dfrac{c}{a + bx} \, ; \quad \epsilon_f(x) = \dfrac{-cb(a + bx)^{-2} x}{c(a + bx)^{-1}} = -\dfrac{bx}{a + bx} \, .$

(3) $f(x) = bx^a; \quad \epsilon_f(x) = \dfrac{abx^{a-1} \cdot x}{bx^a} = a.$

Speziell ist also

$$\epsilon_f(x) = \quad 1 \quad \text{für} \quad f(x) = x \quad \text{und}$$

$$\epsilon_f(x) = -1 \quad \text{für} \quad f(x) = \frac{1}{x}.$$

(4) $f(x) = be^{ax}; \quad \epsilon_f(x) = \dfrac{abe^{ax} \cdot x}{be^{ax}} = ax.$

Für das Rechnen mit Elastizitäten gelten folgende Regeln:

(16.3) Satz

Sind f, g differenzierbare Funktionen. Dann gilt für die Elastizität

(a) der Summe f + g:

$$\epsilon_{(f+g)}(x) = \frac{f(x) \, \epsilon_f(x) + g(x) \, \epsilon_g(x)}{f(x) + g(x)} \, ;$$

(b) des Produkts $f \cdot g$:

$$\epsilon_{f \cdot g}(x) = \epsilon_f(x) + \epsilon_g(x);$$

(c) des Quotienten $\frac{f}{g}$:

$$\epsilon_{\frac{f}{g}}(x) = \epsilon_f(x) - \epsilon_g(x);$$

(d) der zusammengesetzten Funktion $g \circ f$:

$$\epsilon_{g \circ f}(x) = \epsilon_g(f(x)) \cdot \epsilon_f(x);$$

(e) der Umkehrfunktion f^{-1} von f:

$$\epsilon_{f^{-1}}(y) = \frac{1}{\epsilon_f(x)}.$$

Die Elastizität gibt näherungsweise an, um wieviel Prozent sich eine Funktion $y = f(x)$ ändert, wenn sich die unabhängige Variable x um 1 % ändert. In Bezug auf eine Nachfragefunktion $f(p)$ bedeutet dann z. B. $\epsilon_f(p) = -5$, daß die Nachfrage um 5 % sinkt, wenn der Preis um 1 % erhöht wird.

In den Wirtschaftswissenschaften sind bei der Untersuchung von Elastizitäten häufig folgende Bezeichnungen gebräuchlich:

(16.4) Definition

Eine Funktion f heißt im Punkt x_0

(a) *elastisch*, falls $\quad |\epsilon_f(x_0)| > 1$;

(b) *1-elastisch*, falls $\quad |\epsilon_f(x_0)| = 1$;

(c) *unelastisch*, falls $\quad |\epsilon_f(x_0)| < 1$.

Betrachten wir dazu etwa die Nachfragefunktion $f: [0, -\frac{a}{b}) \to \mathbb{R}$, $f(p) = a + bp$ mit $a > 0$ und $b < 0$. Es ist dabei $a + bp > 0$ und $bp \leqslant 0$, so daß für die Elastizität gilt:

$$|\epsilon_f(p)| = \left| \frac{bp}{a + bp} \right| = -\frac{bp}{a + bp} \begin{cases} > 1 & \text{für } p > -\frac{a}{2b} \\[2mm] = 1 & \text{für } p = -\frac{a}{2b} \\[2mm] < 1 & \text{für } p < -\frac{a}{2b} \end{cases}$$

Die Nachfrage ist also unelastisch im Intervall $[0, -\frac{a}{2b})$, für $p = -\frac{a}{2b}$ 1-elastisch und im Intervall $(-\frac{a}{2b}, -\frac{a}{b})$ elastisch (Bild 2-40).

Wir wollen nun noch den folgenden Zusammenhang zwischen Grenzumsatz und Preiselastizität der Nachfrage herleiten. Die Umsatzfunktion hat die Form $U(x) = xg(x)$, wobei $p = g(x)$ die Umkehrfunktion der Nachfragefunktion $x = f(p)$ sei. Für die Elastizität $\epsilon_g(x) = x \frac{g'(x)}{g(x)}$ der Funktion $g(x)$ gilt dann nach Satz (16.3) die Formel

$$\epsilon_g(x) = \frac{1}{\epsilon_f(p)}.$$

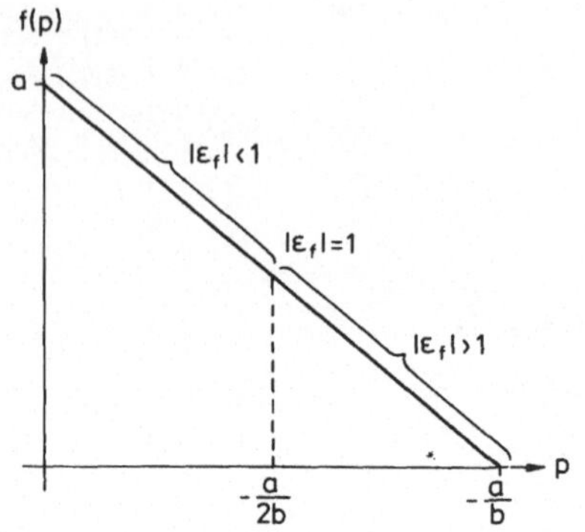

Bild 2-40

Es ergibt sich also:

$$U'(x) = (xg(x))' = g(x) + xg'(x) = g(x)\left[1 + x\,\frac{g'(x)}{g(x)}\right] = g(x)\,[1 + \epsilon_g(x)] =$$

$$= p\left[1 + \frac{1}{\epsilon_f(p)}\right].$$

Man bezeichnet diesen Zusammenhang auch als Amoroso-Robinson-Formel.

§ 17 Kurvendiskussionen

Bei der Untersuchung von funktionalen Zusammenhängen ist es im allgemeinen notwendig, sich den Verlauf der Bildkurve einer Funktion $y = f(x)$ zumindest in groben Umrissen klarzumachen. Man ermittelt dazu die im Folgenden angegebenen charakteristischen Stellen und Eigenschaften einer Funktion. Ein wichtiges Hilfsmittel bei der Durchführung vieler derartiger Berechnungen stellt dabei die Differentialrechnung dar.
Bei der Kurvendiskussion führen wir im einzelnen folgende Untersuchungen durch:

Definitionsbereich

Der im mathematischen Sinne größtmögliche Definitionsbereich D enthält alle Argumente x, für die (genau) ein Bildpunkt $y = f(x)$ existiert.

Beispiele

(1) $f(x) = \frac{1}{x}$; $D = \mathbb{R} \setminus \{0\}$.

Die Funktion besitzt an der Stelle $x = 0$ eine Unendlichkeitsstelle (Pol).

(2) $f(x) = \frac{x^2 - 1}{x + 1}$; $D = \mathbb{R}$.

Bei dieser Funktion nimmt der Nenner zwar für $x = -1$ den Wert 0 an, durch Kürzen von $(x + 1)$ erhält man aber die für alle $x \neq -1$ definierte Funktion

$$f(x) = \frac{x^2 - 1}{x + 1} = \frac{(x - 1)(x + 1)}{x + 1} = x - 1.$$

Setzt man zusätzlich $f(-1) = -2$, so erhält man den Definitionsbereich $D = \mathbb{R}$.

(2) $f(x) = \sqrt{1 - x}$; $D = \{x \mid x \in \mathbb{R} \wedge x \leqslant 1\} = (-\infty, 1]$.

Eine Wurzelfunktion ist nur definiert für reelle Zahlen x, für die der unter dem Wurzelzeichen stehende Ausdruck positiv ist.

In der Praxis wird vielfach ein kleinerer als der mathematisch größtmögliche Definitionsbereich gewählt, wenn nämlich — wie bereits in § 11 erwähnt — nicht jedes Argument ökonomisch sinnvoll interpretierbar ist.

Nullstellen und asymptotisches Verhalten

Eine Nullstelle ist ein Punkt, bei dem die Funktion $y = f(x)$ die x-Achse schneidet oder berührt, für den also $f(x) = 0$ gilt.

Beispiele

(1) Die Funktion $f(x) = x^3 - x = x(x - 1)(x + 1)$ besitzt die Nullstellen $x_1 = 0$, $x_2 = 1$, $x_3 = -1$.

(2) Die Funktion $f(x) = \ln x$ besitzt die Nullstelle $x = 1$, während für $f(x) = e^x$ keine Nullstelle existiert.

Eine Funktion $y = f(x)$ strebt asymptotisch gegen die Gerade $x = a$ (parallel zur y-Achse), wenn $f(x) \to +\infty$ oder $-\infty$ strebt für $x \to a$, sie strebt asymptotisch gegen die Gerade $y = b$ (parallel zur x-Achse), wenn $\lim\limits_{x \to \pm\infty} f(x) = b$ ist.

Beispiel (Bild 2-41):

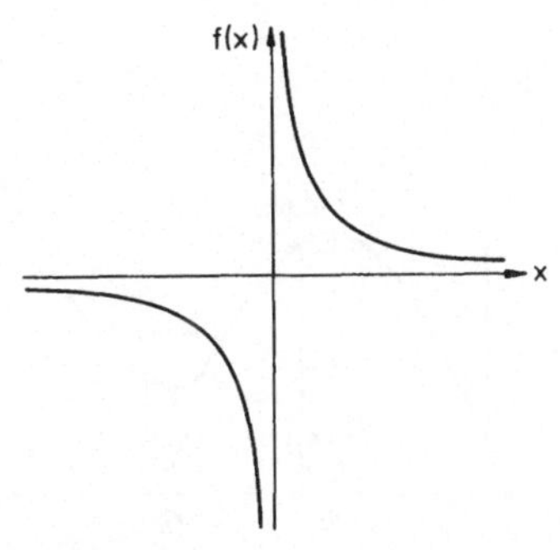

Bei der Funktion $f(x) = \frac{1}{x}$ ist

$$\lim_{\substack{x \to 0 \\ x < 0}} f(x) = -\infty,$$

$$\lim_{\substack{x \to 0 \\ x > 0}} f(x) = \infty,$$

$$\lim_{x \to \pm\infty} f(x) = 0.$$

Bild 2-41

Stetigkeit und Differenzierbarkeit

Die Funktion $y = f(x)$ ist unstetig an einer Stelle x_0 ihres Definitionsbereiches, falls der Grenzwert von f in x_0 mit dem Funktionswert $f(x_0)$ nicht übereinstimmt, d.h. falls gilt:

$$f(x_0) \neq \lim_{x \to x_0} f(x).$$

Die Bildkurve weist dann an der Stelle x_0 einen Sprung auf.
Die Funktion ist nicht differenzierbar in x_0, falls links- und rechtsseitige Ableitung von f in x_0 nicht übereinstimmen oder nicht existieren, d.h. falls gilt:

$$f_l'(x_0) \neq f_r'(x_0).$$

Dies ist z.B. der Fall, wenn die Bildkurve einen Knick hat wie etwa die Funktion $f(x) = |x|$ in $x_0 = 0$.

Extremwerte

Unter einem Extremum einer Funktion $y = f(x)$ versteht man einfach ein Maximum oder Minimum von $f(x)$. Wir unterscheiden dabei zwischen lokalen und globalen Extremwerten, je nachdem, ob sie sich auf den ganzen Definitionsbereich oder nur auf die Umgebung einer Stelle x_0 beziehen.

(17.1) Definition

Sei $I \subset \mathbb{R}$ ein Intervall und $f : I \to \mathbb{R}$ eine Funktion. Dann sagt man:

(a) f besitzt in $x_0 \in I$ ein *globales* Maximum bzw. Minimum, falls für alle $x \in I$ gilt:

$$f(x) \leqslant f(x_0) \quad \text{bzw.} \quad f(x) \geqslant f(x_0) \text{ (Bild 2-42)};$$

(b) f besitzt in $x_0 \in I$ ein *lokales* Maximum bzw. Minimum, falls es eine hinreichend kleine Umgebung $U_\epsilon(x_0) \subset I$ gibt, so daß für alle $x \in U_\epsilon(x_0)$ gilt:

$$f(x) \leqslant f(x_0) \quad \text{bzw.} \quad f(x) \geqslant f(x_0) \text{ (Bild 2-43)}.$$

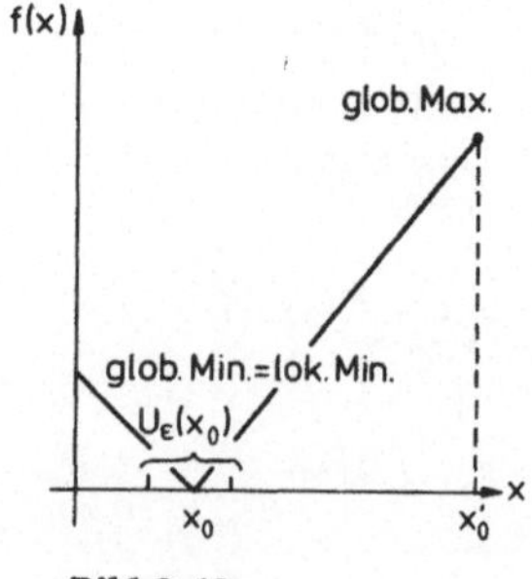

Bild 2-42

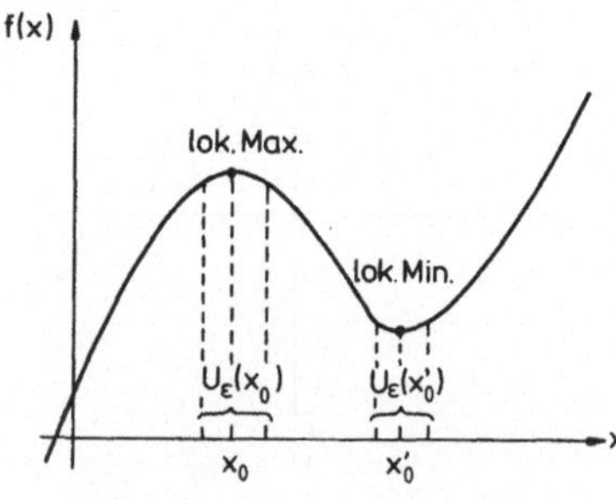

Bild 2-43

Ein lokales Extremum kann natürlich gleichzeitig auch ein globales Extremum sein. Man kann dies jedoch erst feststellen, wenn alle globalen und lokalen Extrema ermittelt sind, also insbesondere auch die Randpunkte des Definitionsbereiches auf das Vorliegen von Extremwerten untersucht sind.

Wir wollen uns nun überlegen, wie man mit Hilfe der Differentialrechnung unter gewissen Voraussetzungen die lokalen Extrema einer Funktion ermitteln kann. Dabei gehen wir aus von der leicht einzusehenden Tatsache, daß eine differenzierbare Funktion an ihren Extremstellen waagrechte Tangenten besitzt. Die Ableitung einer solchen Funktion ist deshalb an diesen Stellen gleich Null. Es gilt:

(17.2) Satz (notwendige Bedingung)

Die Funktion $f : (a, b) \rightarrow IR$ sei differenzierbar in einer Umgebung von $x_0 \in (a, b)$. Besitzt dann f in x_0 ein lokales Extremum, so gilt:

$$f'(x_0) = 0 \quad \text{(Bild 2-44)}.$$

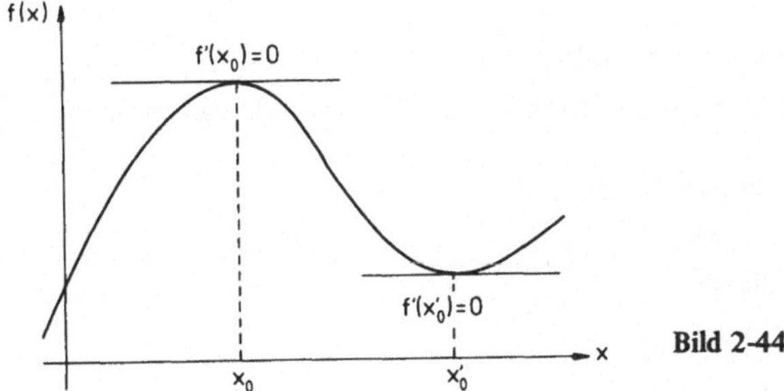

Bild 2-44

Durch Nullsetzen der Ableitung $f'(x)$ ermitteln wir also die Punkte, bei denen die Funktion $f(x)$ lokale Extrema besitzen *kann*. Man bezeichnet diese Stellen auch als *stationäre Punkte*.

Es handelt sich hier deshalb nur um eine notwendige Bedingung, weil eine Funktion nicht an jeder Nullstelle ihrer Ableitung ein Extremum besitzen muß. So ist z. B. bei der Funktion $f(x) = (x - 1)^3$ die Ableitung $f'(x) = 3(x - 1)^2 = 0$ für $x = 1$, es existiert dort aber kein Extremum (Bild 2-45).

Mit Hilfe von Satz (17.2) kann man nun weder entscheiden, ob eine Funktion $f(x)$ an einem stationären Punkt ein Maximum bzw. Minimum besitzt noch ob dort überhaupt ein Extremum existiert. Um diese Frage beantworten zu können, muß eine noch schärfere Bedingung erfüllt sein.

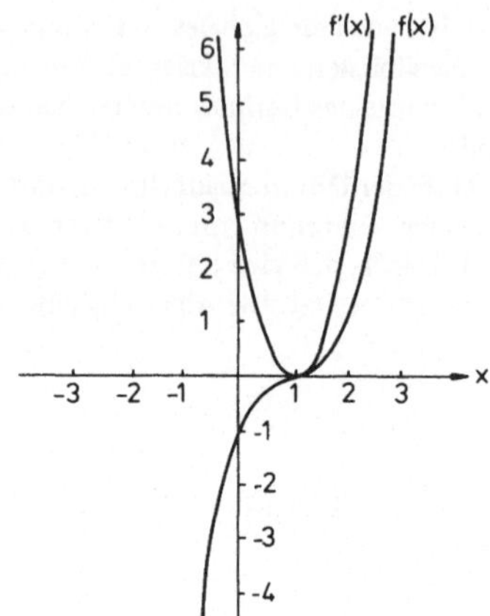

Bild 2-45

Es gilt:

(17.3) Satz (hinreichende Bedingung)

Sei $f : (a, b) \to \mathbb{R}$ zweimal differenzierbar in einer Umgebung von $x_0 \in (a, b)$. Dann besitzt f in x_0 ein

(a) lokales Maximum, falls gilt:

$$f'(x_0) = 0 \quad \text{und} \quad f''(x_0) < 0;$$

(b) lokales Minimum, falls gilt:

$$f'(x_0) = 0 \quad \text{und} \quad f''(x_0) > 0.$$

Beispiele

(1) $f(x) = 4x^2(x^2 - 1)$

Wie man leicht sieht, besitzt diese Funktion die Nullstellen $x_{N1} = 0$, $x_{N2} = 1$, $x_{N3} = -1$.

Aus der ersten Ableitung

$$f'(x) = 8x(x^2 - 1) + 4x^2 \cdot 2x = 8x(2x^2 - 1)$$

erhält man dann durch Nullsetzen die stationären Punkte $x_{S1} = 0$, $x_{S2} = \sqrt{\tfrac{1}{2}}$, $x_{S3} = -\sqrt{\tfrac{1}{2}}$.

Diese Punkte setzen wir nun ein in die zweite Ableitung

$$f''(x) = 8(2x^2 - 1) + 8x \cdot 4x = 48x^2 - 8.$$

Die Funktion hat dann an der Stelle

$x_{S1} = 0$ ein lokales Maximum wegen $f''(0) = -8 < 0$,

$x_{S2} = \sqrt{\tfrac{1}{2}}$ ein lokales Minimum wegen $f''(\sqrt{\tfrac{1}{2}}) = 16 > 0$,

$x_{S3} = -\sqrt{\tfrac{1}{2}}$ ein lokales Minimum wegen $f''(-\sqrt{\tfrac{1}{2}}) = 16 > 0$ (Bild 2-46).

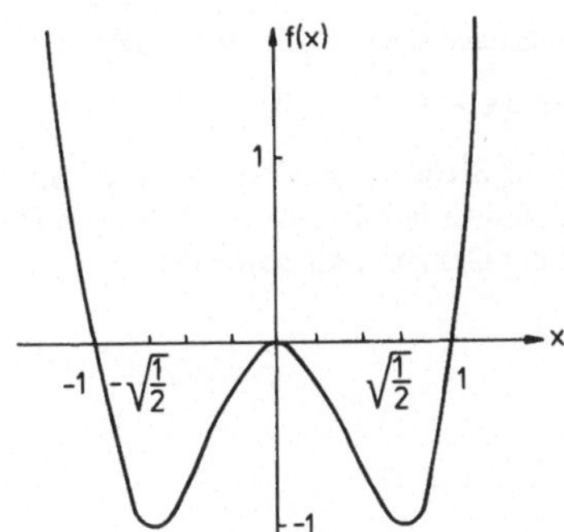

Bild 2-46

(2) Bei einem Monopol kann der Anbieter den Preis festsetzen und der Nachfrager verhält sich üblicherweise als Mengenanpasser. Man geht hier in der Regel aus von einer Nachfragefunktion $p = f(x)$, die den Preis p in Abhängigkeit von der nachgefragten Menge x angibt. Die Gewinnfunktion hat dann die Form

$$G(x) = U(x) - K(x) = xf(x) - K(x).$$

Als notwendige Bedingung für das Vorliegen eines Gewinnmaximums erhält man dann aus der Gleichung

$$G'(x) = U'(x) - K'(x) = f(x) + xf'(x) - K'(x) = 0$$

die Beziehung

$$U'(x) = f(x) + xf'(x) = K'(x).$$

Bei einem maximalen Gewinn muß also stets der Grenzumsatz mit den Grenzkosten übereinstimmen. Bei einer Umsatz- und einer Kostenfunktion gemäß der folgenden Zeichnung gibt es zwei Punkte x_1 und x_2, in denen beide Kurven parallele Tangenten besitzen, so daß also die notwendige Bedingung erfüllt ist. Ein Maximum kann aber nur bei x_2 existieren, da hier der Umsatz über den Kosten liegt (Bild 2-47).

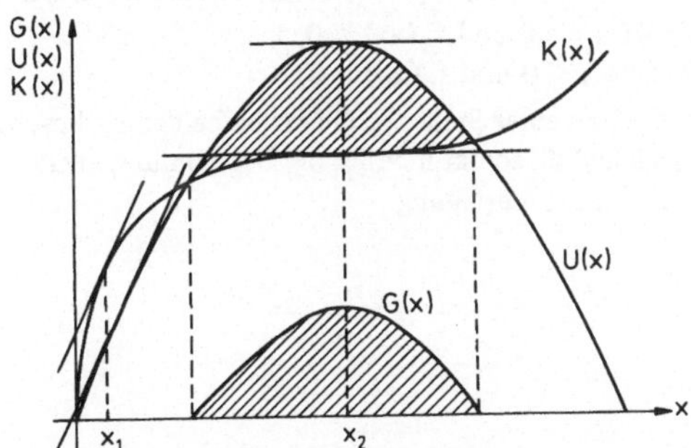

Bild 2-47

Als hinreichende Bedingung erhalten wir nach Satz (17.3) die Ungleichung

$$G''(x) = U''(x) - K''(x) = 2f'(x) + xf''(x) - K''(x) < 0.$$

Bei einem Gewinnmaximum muß also die Steigung des Grenzumsatzes geringer sein als die Steigung der Grenzkosten. Dies ist in Bild 2-48 der Fall beim Punkt x_2, bei dem sich die Grenzkosten und der Grenzumsatz schneiden.

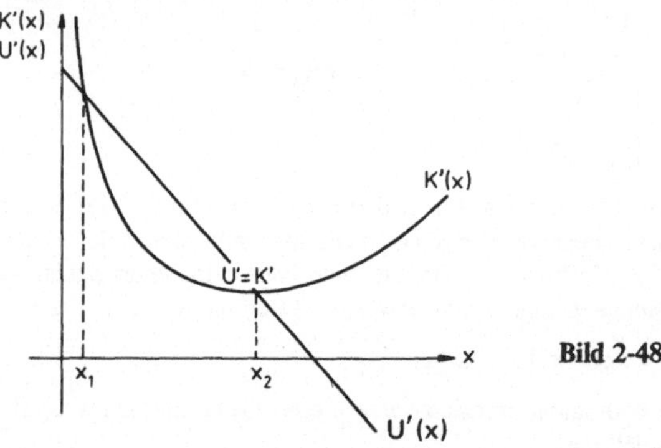

Bild 2-48

An jedem Punkt, der einer der beiden Bedingungen von Satz (17.3) genügt, besitzt die Funktion $f(x)$ ein lokales Maximum bzw. ein lokales Minimum. Das bedeutet jedoch nicht, daß diese Bedingungen für jedes lokale Extremum erfüllt sein müssen. So besitzt z. B. die Funktion $f(x) = |x|$ in $x = 0$ ein lokales Minimum, obwohl sie dort nicht einmal differenzierbar ist. Es handelt sich also bei Satz (17.3) nur um eine *hinreichende* Bedingung.

Ist eine Funktion in einem Punkt x_0 nicht differenzierbar, so läßt sich mit Hilfe von rechts- und linksseitigen Ableitungen ein lokales Extremum bestimmen wie folgt:

(17.4) Satz

Die Funktion $f : [a, b] \to \mathrm{IR}$ sei stetig in $x_0 \in [a, b]$. Dann besitzt f in x_0 ein

(a) lokales Maximum, falls $f'_l(x_0) > 0$ und $f'_r(x_0) < 0$,

(b) lokales Minimum, falls $f'_l(x_0) < 0$ und $f'_r(x_0) > 0$.

Sind für eine Funktion $y = f(x)$ an einer Stelle x_0 die ersten beiden und eventuell noch weitere Ableitungen gleich Null, so hat man für die Bestimmung lokaler Extrema allgemein das folgende Kriterium zur Verfügung:

(17.5) Satz

Die Funktion $f : (a, b) \to \mathrm{IR}$ sei in einer Umgebung von $x_0 \in (a, b)$ n-mal differenzierbar. Ist dabei n geradzahlig, so besitzt f in x_0 ein

(a) lokales Maximum, falls

$$f'(x_0) = f''(x_0) = \ldots = f^{(n-1)}(x_0) = 0 \quad \text{und} \quad f^{(n)}(x_0) < 0;$$

(b) lokales Minimum, falls

$$f'(x_0) = f''(x_0) = \ldots = f^{(n-1)}(x_0) = 0 \quad \text{und} \quad f^{(n)}(x_0) > 0.$$

Für ungeradzahliges n existiert in x_0 kein lokales Extremum.

Beispiel

Bei der Funktion

$$f(x) = (x - 1)^4$$

sind jeweils die Ableitungen

$$\begin{aligned}
f'(x) &= \ 4(x - 1)^3 \\
f''(x) &= 12(x - 1)^2 \\
f'''(x) &= 24(x - 1)
\end{aligned}$$

gleich Null für $x_0 = 1$ und die vierte Ableitung

$$f^{(4)}(x) = 24 > 0.$$

Es existiert also bei $x_0 = 1$ ein lokales Minimum (Bild 2-49).

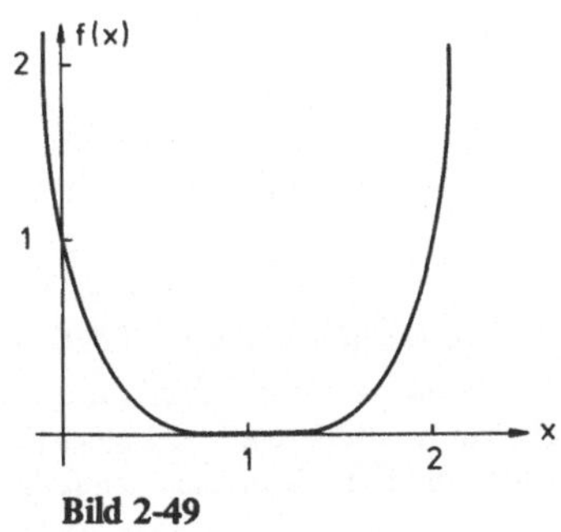

Bild 2-49

Monotonie, Konvexität bzw. Konkavität, Wendepunkte

Ableitungen kann man auch dazu benützen, das Verhalten einer Funktion in einem bestimmten Bereich zu untersuchen. In Bezug auf die Monotonie gilt dabei

(17.6) Satz

Sei $I \subset \mathrm{IR}$ ein Intervall und die Funktion $f : I \to \mathrm{IR}$ differenzierbar in I. Dann gilt:

(a) f ist genau dann monoton bzw. streng monoton wachsend, falls gilt:

$$f'(x) \geqslant 0 \quad \text{bzw.} \quad f'(x) > 0;$$

(b) f ist genau dann monoton bzw. streng monoton fallend, falls gilt:

$$f'(x) \leqslant 0 \quad \text{bzw.} \quad f'(x) < 0.$$

Beispiele

(1) Die Funktion $f : \mathbb{R} \setminus \{0\} \to \mathbb{R}$, $f(x) = \frac{1}{x}$ ist in den Bereichen $(0, \infty)$ und $(-\infty, 0)$ streng monoton fallend, da $f'(x) = -\frac{1}{x^2} < 0$ für $x \in (0, \infty)$ und $x \in (-\infty, 0)$. Im gesamten Definitionsbereich ist sie dagegen weder monoton fallend noch wachsend. ($\mathbb{R} \setminus \{0\}$ ist kein Intervall!) (Bild 2-50).

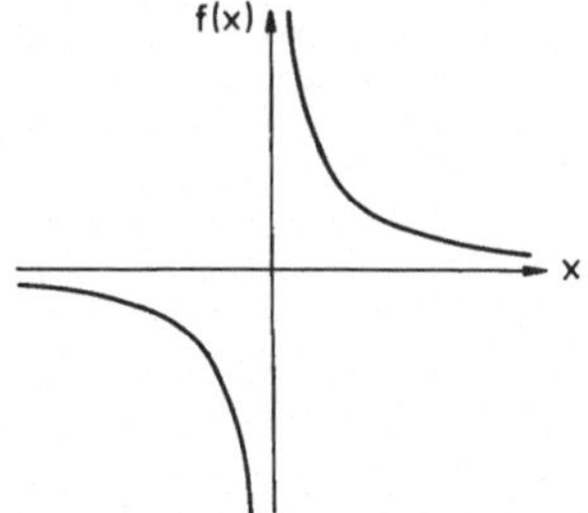

Bild 2-50

(2) Die Nachfragefunktion $f : \mathbb{R}_+ \to \mathbb{R}$, $f(p) = \frac{a}{p+c} - b$ ist wegen $f'(p) = -\frac{a}{(p+c)^2} < 0$ streng monoton fallend für $a > 0$ und $c > 0$.

Die zweite Ableitung $f''(x)$ einer Funktion $f(x)$ beschreibt die Steigung der ersten Ableitung $f'(x)$. Man kann damit die Krümmung einer Funktion untersuchen. Es gilt:

(17.7) Satz

Sei $I \subset \mathbb{R}$ ein Intervall und die Funktion $f : I \to \mathbb{R}$ zweimal differenzierbar in I. Dann ist

(a) f *konvex*, falls für alle $x \in I$ gilt: $f''(x) \geqslant 0$;

(b) f *konkav*, falls für alle $x \in I$ gilt: $f''(x) \leqslant 0$.

Beispiele

(1) Die Funktion $f(x) = \frac{1}{x}$ ist im Bereich $(0, \infty)$ konvex wegen $f''(x) = \frac{2}{x^3} > 0$ und im Bereich $(-\infty, 0)$ konkav wegen

$$f''(x) = \frac{2}{x^3} < 0.$$

(2) Wir wollen nun die lokalen Extrema der Durchschnittsfunktion $\hat{f}(x) = \frac{f(x)}{x}$ einer
     Funktion $f : \mathbb{R}_+ \setminus \{0\} \to \mathbb{R}$ bestimmen. Durch Nullsetzen der ersten Ableitung

$$\hat{f}'(x) = \frac{xf'(x) - f(x)}{x^2} = 0$$

erhält man sofort die notwendige Bedingung

$$f'(x) = \frac{f(x)}{x} \quad (*).$$

Stationäre Punkte sind also alle Stellen, bei denen die Grenzfunktion mit der
Durchschnittsfunktion übereinstimmt.

Setzt man nun (*) in die zweite Ableitung ein, so ergibt sich als hinreichende
Bedingung:

$$\hat{f}''(x) = \frac{x^2 f''(x) - 2xf'(x) + 2f(x)}{x^3} = \frac{f''(x)}{x}.$$

Bei $f''(x) > 0$ existiert ein lokales Minimum, bei $f''(x) < 0$ existiert ein lokales
Maximum. Im ersten Fall liegt der stationäre Punkt also im konvexen, im zweiten
Fall im konkaven Bereich von $f(x)$.

Als Wendepunkt einer Funktion $f(x)$ bezeichnet man eine Stelle x_0, bei der eine
konvexe Bildkurve in eine konkave Bildkurve übergeht und umgekehrt. Ein Wendepunkt ist ein lokales Extremum der ersten Ableitung $f'(x)$. Zur Bestimmung von
Wendepunkten gilt:

(17.8) Satz

Die Funktion $f : (a, b) \to \mathbb{R}$ sei in einer Umgebung von $x_0 \in (a, b)$ dreimal differenzierbar. Ist dann $f''(x_0) = 0$ und $f'''(x_0) \neq 0$, so besitzt die Funktion in x_0 einen
Wendepunkt.

Beispiel

Die Funktion $f(x) = (x - 1)^3$ besitzt in $x_0 = 1$ einen Wendepunkt wegen $f''(x) =$
$6(x - 1) = 0$ für $x_0 = 1$ und $f'''(x) = 6 \neq 0$.
Sind die zweiten und dritten Ableitungen gleich Null, so gilt allgemein:

(17.9) Satz

Die Funktion $f : (a, b) \to \mathbb{R}$ sei in einer Umgebung von $x_0 \in (a, b)$ n-mal differenzierbar mit $n \geqslant 3$. Ist dann n ungerade und $f''(x_0) = f'''(x_0) = \ldots = f^{(n-1)}(x_0) = 0$ sowie $f^{(n)}(x_0) \neq 0$, so existiert in x_0 ein Wendepunkt.

§ 18 Das bestimmte Integral

Die Integralrechnung findet vor allem Verwendung in der Wahrscheinlichkeitsrechnung und Statistik. Daneben wird sie heute in zunehmendem Maße auch bei der Beschreibung vieler ökonomischer Probleme benützt.

Ursprünglich wurde die Integralrechnung vor allem deswegen entwickelt, um auch
Flächen berechnen zu können, die nicht notwendigerweise von geraden Linien begrenzt sind. Bei einer konstanten Funktion $f(x) = c$ mit $c > 0$ stellt die Fläche F
zwischen der Bildkurve von $f(x)$ und der x-Achse im Intervall $[a, b]$ ein Rechteck
dar (Bild 2-51). Man erhält diese Fläche natürlich nach der Formel Grundlinie $\times$ Höhe,
d. h. also:

$$F = (b - a)\, c.$$

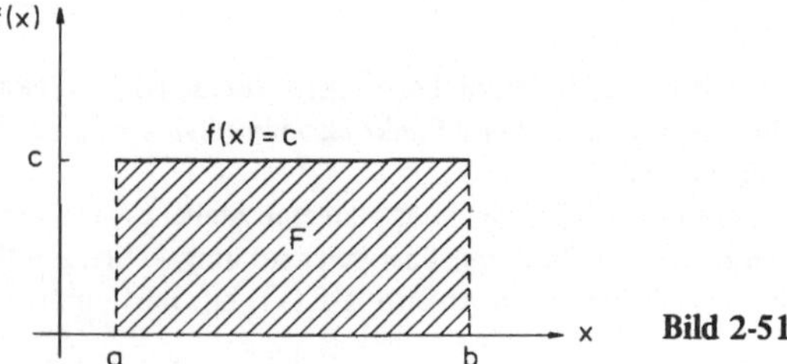

Bild 2-51

Bei einer beliebigen stetigen Funktion $f : [a, b] \to \mathrm{IR}$ mit $f(x) > 0$ für $x \in [a, b]$
steht jedoch im allgemeinen für die Berechnung des von der Bildkurve von $f(x)$, der
x-Achse und den Geraden $x = a$ sowie $x = b$ begrenzten Flächenstücks F keine aus
der elementaren Geometrie bekannte Formel zur Verfügung (Bild 2-52).

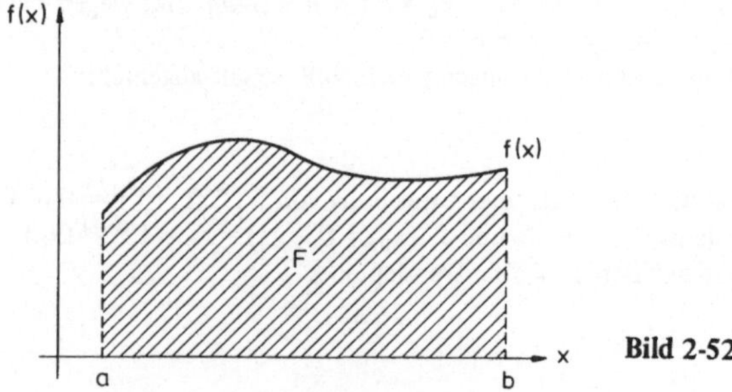

Bild 2-52

Ähnlich wie man in der Differentialrechnung die Steigung einer Tangente berechnet, löst man auch dieses Flächenproblem mit Hilfe eines Grenzprozesses. Dazu wird das Intervall [a, b] unterteilt in n Teilintervalle gemäß

$$[a, b] = [x_0, x_1] \cup [x_1, x_2] \cup \ldots \cup [x_{i-1}, x_i] \cup \ldots \cup [x_{n-1}, x_n]$$

mit $x_0 = a$ und $x_n = b$. Für jedes dieser Teilintervalle bestimmt man nun den jeweils größten und kleinsten Funktionswert

$$M_i = \sup \{f(x) | x \in [x_{i-1}, x_i]\} \quad \text{und}$$
$$m_i = \inf \{f(x) | x \in [x_{i-1}, x_i]\}.$$

Wir berechnen dann die Flächen der Rechtecke mit der Breite $(x_i - x_{i-1})$ und der Höhe M_i bzw. m_i und bezeichnen die Summe

(a) $\displaystyle S_0^{(n)}(f) = \sum_{i=1}^{n} M_i (x_i - x_{i-1})$ als die Obersumme von f im Intervall [a, b]

(Bild 2-53);

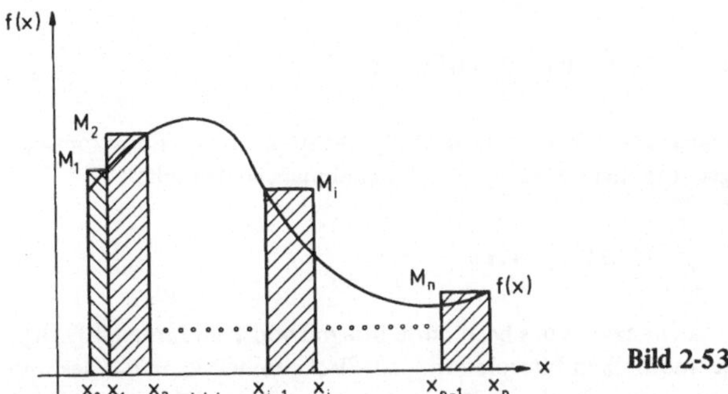

Bild 2-53

(b) $\displaystyle S_u^{(n)}(f) = \sum_{i=1}^{n} m_i (x_i - x_{i-1})$ als die Untersumme von f im Intervall [a, b]

(Bild 2-54).

Wie man leicht sieht, ist die Obersumme größer, die Untersumme kleiner als die „wahre" Fläche F. Es gilt also:

$$S_u^{(n)}(f) \leqslant F \leqslant S_0^{(n)}(f).$$

Unter- und Obersumme nähern sich immer mehr der Fläche F an, falls eine noch größere Zahl von Teilintervallen gewählt wird. Führt man nun eine solche Untertei-

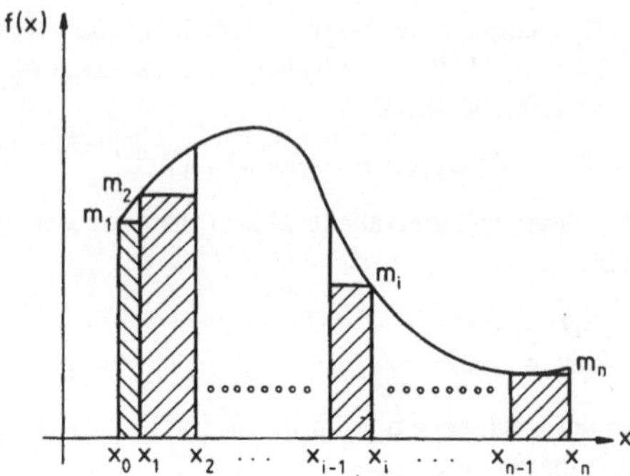

Bild 2-54

lung so weit fort, daß für $n \to \infty$ alle Intervallbreiten $(x_i - x_{i-1})$ gegen 0 streben, so erhält man die Fläche F als Grenzwert von Unter- und Obersumme gemäß

$$F = \lim_{n \to \infty} S_u^{(n)}(f) = \lim_{n \to \infty} \sum_{i=1}^{n} m_i (x_i - x_{i-1}) =$$

$$= \lim_{n \to \infty} S_0^{(n)}(f) = \lim_{n \to \infty} \sum_{i=1}^{n} M_i (x_i - x_{i-1}).$$

Wie sich leicht zeigen läßt, kann man statt M_i und m_i auch den Funktionswert $f(z_i)$ für ein beliebiges Argument $z_i \in [x_{i-1}, x_i]$ hernehmen, so daß gilt:

$$F = \lim_{n \to \infty} \sum_{i=1}^{n} f(z_i) (x_i - x_{i-1}).$$

Man nennt diesen Grenzwert das bestimmte Integral von f im Intervall [a, b]. Neben dieser geometrischen Interpretation als Flächeninhalt kann das bestimmte Integral noch auf die verschiedenste Weise gedeutet werden. Allgemein sagen wir:

(18.1) Definition

Die Funktion $f : [a, b] \to \mathrm{I\!R}$ sei stetig in [a, b] und das Intervall [a, b] sei unterteilt in n Teilintervalle

$$[a, b] = [x_0, x_1] \cup \ldots \cup [x_{i-1}, x_i] \cup \ldots \cup [x_{n-1}, x_n]$$

mit $x_0 = a$ und $x_n = b$. Streben dann für $n \to \infty$ alle Intervallbreiten $(x_i - x_{i-1})$ gegen $0 \, (i = 1, \ldots, n)$ und ist $z_i \in [x_{i-1}, x_i]$ beliebig, so heißt der Grenzwert

$$\int_a^b f(x) \, dx = \lim_{n \to \infty} \sum_{i=1}^{n} f(z_i) (x_i - x_{i-1})$$

das bestimmte Integral von f in den Grenzen a und b. f(x) nennt man den Integranden, a die untere und b die obere Integrationsgrenze.

Beispiel

Zur Berechnung von $\int\limits_{1}^{3} x\,dx$ zerlegen wir das Integrationsintervall $[1, 3]$ in n Teilintervalle

$$[1, 3] = \left[1, 1 + \frac{2}{n}\right] \cup \left[1 + \frac{2}{n}, 1 + \frac{4}{n}\right] \cup \dots \cup \left[1 + \frac{2(i-1)}{n}, 1 + \frac{2i}{n}\right] \cup \dots$$

$$\dots \cup \left[1 + \frac{2(n-1)}{n}, 1 + \frac{2n}{n}\right]$$

mit der Intervallbreite $x_i - x_{i-1} = \frac{2}{n}$ für alle $i = 1, \dots, n$. Wählt man nun für jedes Teilintervall $z_i = 1 + \frac{2i}{n}$, so ergibt sich (siehe Bild 2-55):

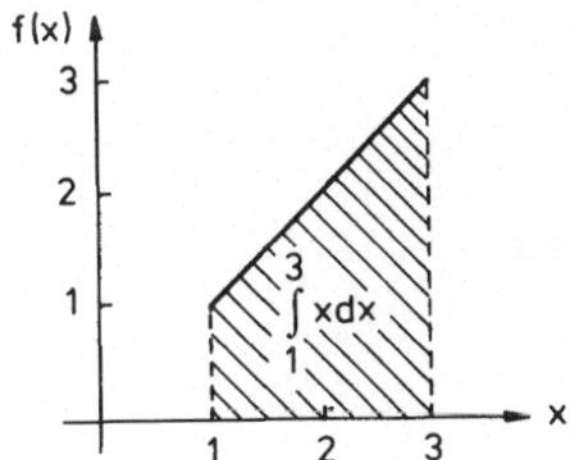

Bild 2-55

$$\int\limits_{1}^{3} x\,dx = \lim_{n \to \infty} \sum_{i=1}^{n} f(z_i)(x_i - x_{i-1}) = \lim_{n \to \infty} \sum_{i=1}^{n} \left(1 + \frac{2i}{n}\right)\frac{2}{n} =$$

$$= \lim_{n \to \infty} \left[\frac{2}{n} \sum_{i=1}^{n} 1 + \frac{4}{n^2} \sum_{i=1}^{n} i\right] = \lim_{n \to \infty} \left[\frac{2n}{n} + \frac{4}{n^2} \frac{n(n+1)}{2}\right] =$$

$$= 2 + \lim_{n \to \infty} \left[\frac{2n^2}{n^2} + \frac{2n}{n^2}\right] = 2 + 2 = 4.$$

Bemerkung

(a) Die Definition des bestimmten Integrals kann auch auf andere als stetige Funktionen ausgedehnt werden. So ist z. B. jede stückweise stetige Funktion mit endlich vielen Sprungstellen $x_1, \dots, x_n$ integrierbar. Das Integral $\int\limits_{a}^{b} f(x)\,dx$ ist dabei die Summe der Integrale über den einzelnen stetigen Funktionsstücken (Bild 2-56).

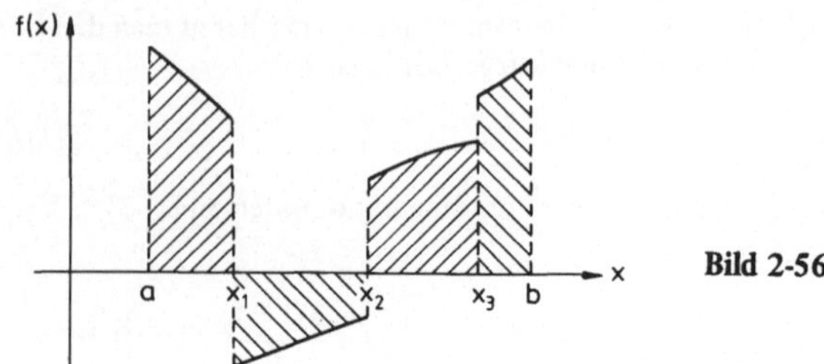

Bild 2-56

(b) Das bestimmte Integral $\displaystyle\int_a^b f(x)\,dx$ ist keine Funktion, sondern eine feste Zahl.

Dieser Wert kann auch negativ sein, da in Definition (18.1) nicht verlangt wird, daß der Integrand positiv ist.

Die wichtigsten Rechenregeln für bestimmte Integrale lauten:

(18.2) Satz

Sind $f, g : [a, b] \to \mathbb{R}$ integrierbar in $[a, b]$, so gilt:

(a) $\displaystyle\int_a^b f(x)\,dx = \int_a^c f(x)\,dx + \int_c^b f(x)\,dx$

für einen beliebigen Zwischenwert $c \in [a, b]$;

(b) $\displaystyle\int_a^b f(x)\,dx = -\int_b^a f(x)\,dx;$

(c) $\displaystyle\int_a^a f(x)\,dx = 0;$

(d) $\displaystyle\int_a^b [f(x) + g(x)]\,dx = \int_a^b f(x)\,dx + \int_a^b g(x)\,dx;$

(e) $\displaystyle\int_a^b [\lambda f(x)]\,dx = \lambda \int_a^b f(x)\,dx \quad$ für $\lambda \in \mathbb{R}.$

Bemerkung: Die Gültigkeit der Rechenregel (a) läßt sich unmittelbar aus Bild 2-57 erkennen:

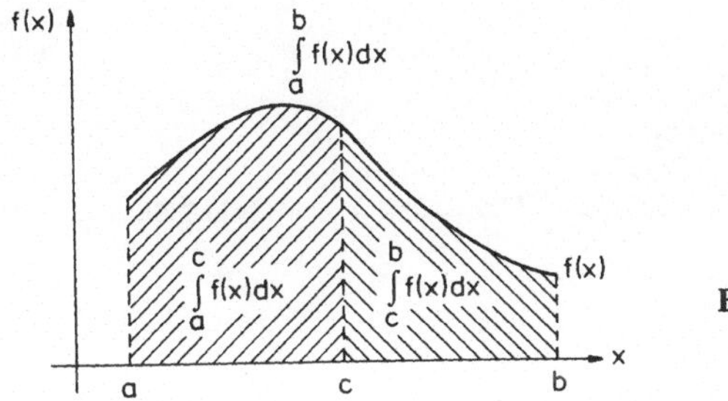

Aus der Regel (b) ergibt sich sofort die Regel (c), da aus $\displaystyle\int_a^a f(x)\,dx = -\int_a^a f(x)\,dx$

folgt: $\displaystyle\int_a^a f(x)\,dx = 0$.

Auf den Beweis der übrigen Rechenregeln können wir hier nicht eingehen.

Ist das Integrationsintervall nicht endlich, sondern ein Intervall der Form $[a, \infty)$, $(-\infty, b]$, $(-\infty, +\infty)$ oder strebt der Integrand $f(x)$ an einer Integrationsgrenze gegen $+\infty$ bzw. $-\infty$, so spricht man von einem *uneigentlichen Integral.* Ein solches Integral braucht natürlich nicht immer zu existieren. Wir sagen:

(18.3) Definition

(a) Sei die Funktion f auf allen Intervallen $[a, b_n]$ mit $b_n \to \infty$ integrierbar. Dann heißt der Grenzwert

$$\lim_{b_n \to \infty} \int_a^{b_n} f(x)\,dx = \int_a^{\infty} f(x)\,dx$$

das uneigentliche Integral von f in den Grenzen a und ∞ (Bild 2-58).

b) Sei die Funktion f auf allen Intervallen $[a_n, b]$ mit $a_n \to -\infty$ integrierbar. Dann heißt der Grenzwert

$$\lim_{a_n \to -\infty} \int_{a_n}^{b} f(x)\,dx = \int_{-\infty}^{b} f(x)\,dx$$

das uneigentliche Integral von f in den Grenzen $-\infty$ und b (Bild 2-59).

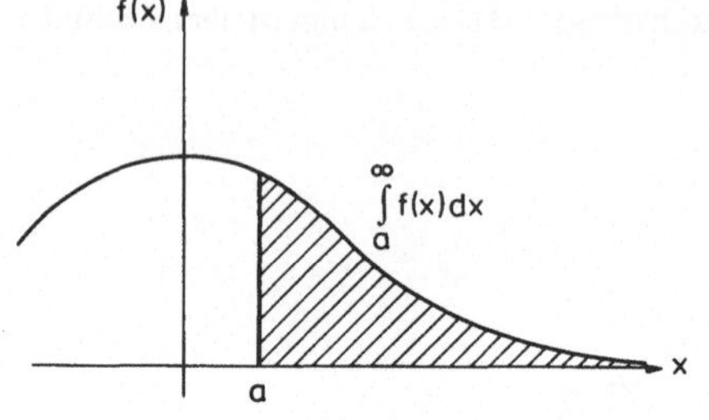

Bild 2-58

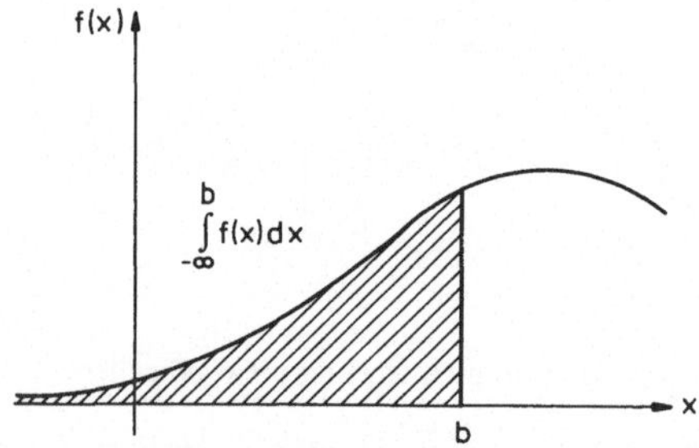

Bild 2-59

(c) Sei die Funktion f auf allen Intervallen $[a_n, b_n]$ mit $a_n \to -\infty$ und $b_n \to \infty$ integrierbar. Dann heißt der Grenzwert

$$\lim_{\substack{a_n \to -\infty \\ b_n \to +\infty}} \int_{a_n}^{b_n} f(x)\, dx = \int_{-\infty}^{+\infty} f(x)\, dx$$

das uneigentliche Integral von f in den Grenzen $-\infty$ und $+\infty$ (Bild 2-60).

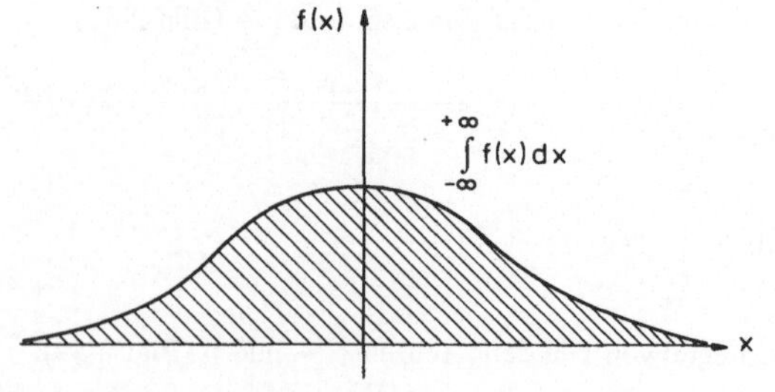

Bild 2-60

(d) Die Funktion f sei im Intervall (a, b] stetig mit $\lim\limits_{x \to a} f(x) = \pm \infty$. Dann heißt der Grenzwert

$$\lim_{\epsilon \to 0} \int_{a+\epsilon}^{b} f(x)\,dx = \int_{a}^{b} f(x)\,dx$$

das uneigentliche Integral von f in den Grenzen a und b (Bild 2-61).

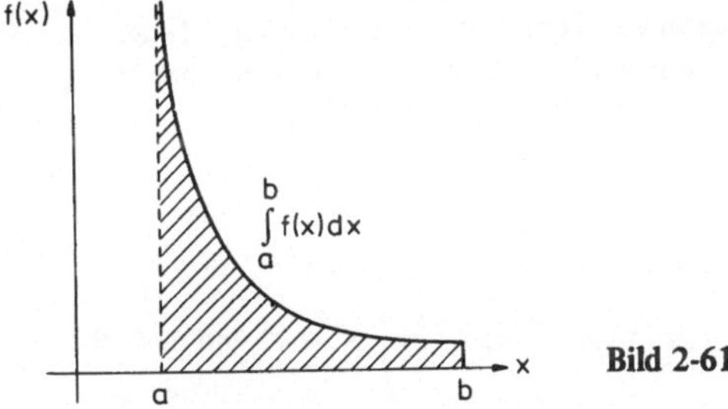

Bild 2-61

Dabei ist jeweils vorausgesetzt, daß der entsprechende Grenzwert existiert.

§ 19 Das unbestimmte Integral

Neben dem bestimmten Integral führen wir nun den Begriff des unbestimmten Integrals ein. Damit stellen wir einen Zusammenhang zwischen Differential- und Integralrechnung her. Wie wir sehen werden, läßt sich damit in vielen Fällen die Berechnung bestimmter Integrale erheblich vereinfachen.
Die Aufgabe der Differentialrechnung besteht darin, zu einer gegebenen Funktion f(x) deren Ableitung f'(x) zu bestimmen. In der Integralrechnung wird stattdessen eine Funktion F(x) (Stammfunktion) ermittelt, deren Ableitung F'(x) mit einer gegebenen Funktion übereinstimmt.

(19.1) Definition

Eine Funktion $F : [a, b] \to \mathbb{R}$ heißt eine Stammfunktion von $f : [a, b] \to \mathbb{R}$, wenn für alle $x \in [a, b]$ gilt:

$$F'(x) = f(x).$$

Beispiele

(1) Die Funktion $f(x) = x$ besitzt die Stammfunktion

$$F(x) = \frac{x^2}{2}, \quad \text{da gilt: } F'(x) = \frac{2x}{2} = x = f(x).$$

(2) Für $f(x) = e^x$ lautet die Stammfunktion $F(x) = e^x$.

Eine Stammfunktion läßt sich nicht auf eindeutige Weise bestimmen. Ist nämlich $F(x)$ eine Stammfunktion von $f(x)$, so ist auch $G(x) = F(x) + c$ für beliebiges $c \in \mathbb{R}$ wieder eine Stammfunktion von $f(x)$. Es gibt dann also unendlich viele Stammfunktionen, die sich alle nur durch eine additive Konstante unterscheiden.
Das unbestimmte Integral führen wir nun ein gemäß

(19.2) Definition

Sei $F(x)$ eine Stammfunktion von $f(x)$. Dann heißt die Menge $\{F(x) + c \mid c \in \mathbb{R}\}$ aller Stammfunktionen das unbestimmte Integral von f. Man schreibt dafür:

$$\int f(x)\, dx = F(x) + c.$$

Beispiele

(1) $f(x) = x^a$ mit $a \in \mathbb{R}$, $a \neq -1$

Es ist hierbei $F(x) = \dfrac{x^{a+1}}{a+1}$ wegen $F'(x) = \dfrac{a+1}{a+1}\, x^a = x^a$ und deshalb:

$$\int x^a\, dx = \frac{x^{a+1}}{a+1} + c.$$

(2) $f(x) = \dfrac{1}{x} = x^{-1}$ für $x \neq 0$

Es ist hierbei $F(x) = \ln|x|$ wegen $F'(x) = \dfrac{1}{x}$ und deshalb

$$\int \frac{1}{x}\, dx = \ln|x| + c.$$

(3) Für $f(x) = e^x$ ist

$$\int e^x\, dx = e^x + c.$$

Bemerkung: Aus den beiden folgenden Beziehungen

$$\left(\int f(x)\, dx\right)' = (F(x) + c)' = F'(x) = f(x) \quad \text{und}$$

$$\int (F(x) + c)'\, dx = \int f(x)\, dx = F(x) + c$$

kann man nun erkennen, daß die Integration die Umkehroperation der Differentiation darstellt.

Wir wollen nun zeigen, wie sich unbestimmte Integrale zur Berechnung von bestimmten Integralen benützen lassen. Dazu betrachten wir die Funktion

$$G(y) = \int\limits_{a}^{y} f(x)\, dx \quad \text{(Bild 2-62)}.$$

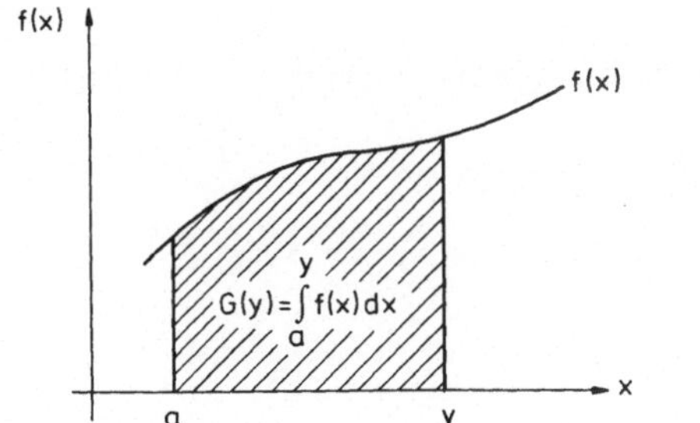

Bild 2-62

Es handelt sich hierbei um ein bestimmtes Integral über die Funktion $f(x)$, wobei die untere Integrationsgrenze a fest und die obere Integrationsgrenze y variabel ist. Für diese Funktion gilt der folgende

(19.3) Satz

Sei die Funktion $f : [a, b] \to \mathrm{IR}$ stetig in $[a, b]$. Dann ist

$$G(y) = \int_a^y f(x)\,dx$$

und deshalb auch die Funktion

$$F(y) = G(y) + c \quad (c \in \mathrm{IR})$$

eine Stammfunktion von $f(x)$.

Setzt man die Argumente $y = a$ und $y = b$ in die Funktion $F(y)$ ein, so erhält man

$$F(a) = \int_a^a f(x)\,dx + c = c \quad \text{bzw.}$$

$$F(b) = \int_a^b f(x)\,dx + c$$

und als Differenz

$$F(b) - F(a) = \int_a^b f(x)\,dx + c - c = \int_a^b f(x)\,dx$$

das bestimmte Integral von f in den Grenzen a und b.

(19.4) Satz

Sei $f : [a, b] \to \mathbb{R}$ stetig und F eine beliebige Stammfunktion von f. Dann gilt:

$$\int_a^b f(x)\, dx = F(b) - F(a).$$

Abkürzend schreibt man:

$$\int_a^b f(x)\, dx = F(x)\Big|_a^b$$

(lies: $F(x)$ in den Grenzen a und b).

Bei der Berechnung des bestimmten Integrals $\int_a^b f(x)\, dx$ eines stetigen Integranden ermittelt man also zunächst eine beliebige Stammfunktion $F(x)$ von $f(x)$. Für diese Stammfunktion berechnet man dann die Funktionswerte $F(b)$ bzw. $F(a)$ für die obere bzw. untere Integrationsgrenze und bildet die Differenz

$$\int_a^b f(x)\, dx = F(b) - F(a).$$

Beispiele

$$(1)\quad \int_1^3 x\, dx = \frac{x^2}{2}\Big|_1^3 = \frac{9}{2} - \frac{1}{2} = 4.$$

$$(2)\quad \int_0^1 (x^3 - 3x^2)\, dx = \left(\frac{x^4}{4} - \frac{3x^3}{3}\right)\Big|_0^1 = \left(\frac{1}{4} - 1\right) - 0 = -\frac{3}{4}.$$

$$(3)\quad \int_0^1 \frac{1}{x}\, dx = \lim_{\epsilon \to 0} \int_\epsilon^1 \frac{1}{x}\, dx = \lim_{\epsilon \to 0} \ln x\Big|_\epsilon^1 = \lim_{\epsilon \to 0} (\ln 1 - \ln \epsilon) = \infty.$$

(4) Für $a \neq 1$ ist

$$\int_0^1 \frac{1}{x^a}\, dx = \lim_{\epsilon \to 0} \int_\epsilon^1 \frac{1}{x^a}\, dx = \lim_{\epsilon \to 0} \frac{1}{1-a} x^{1-a}\Big|_\epsilon^1 =$$

$$= \frac{1}{1-a} \lim_{\epsilon \to 0} (1 - \epsilon^{1-a}) = \begin{cases} \dfrac{1}{1-a} & \text{für } a < 1 \\[2mm] \infty & \text{für } a > 1 \end{cases}$$

Speziell ist $\displaystyle\int_0^1 \frac{1}{x^2}dx = \infty$ und $\displaystyle\int_0^1 \frac{1}{\sqrt{x}}\,dx = \frac{1}{1-\frac{1}{2}} = 2.$

(5) Für $a \neq 1$ ist

$$\int_1^\infty \frac{1}{x^a}\,dx = \lim_{b_n \to \infty} \int_1^{b_n} \frac{1}{x^a}\,dx = \lim_{b_n \to \infty} \frac{1}{1-a}\, x^{1-a}\Big|_1^{b_n} =$$

$$= \frac{1}{1-a} \lim_{b_n \to \infty}(b_n^{1-a} - 1) = \begin{cases} \infty & \text{für } a < 1 \\ \dfrac{1}{a-1} & \text{für } a > 1 \end{cases} ;$$

Speziell ist $\displaystyle\int_1^\infty \frac{1}{x^2}\,dx = 1$ und $\displaystyle\int_1^\infty \frac{1}{\sqrt{x}}\,dx = \infty.$

Während man in der Differentialrechnung für jede differenzierbare Funktion durch wiederholte Anwendung der bekannten Regeln die Ableitung einer Funktion ermitteln kann, ist es in der Integralrechnung oft erheblich schwieriger, zu einem Integranden eine Stammfunktion zu bestimmen. In vielen Fällen ist es sogar unmöglich, dieses Problem zu lösen.

Wir betrachten nun im folgenden zwei allgemeine Integrationsmethoden, die in zahlreichen Fällen das Auffinden von Stammfunktionen erheblich vereinfachen.

Partielle Integration

Die Methode der partiellen Integration entspricht der Produktregel in der Differentialrechnung. Aus der Ableitung

$$(f(x)\, g(x))' = f'(x)\, g(x) + f(x)\, g'(x)$$

erhält man nämlich sofort durch Integration die Gleichung

$$\int (f(x)\, g(x))'\, dx = f(x)\, g(x) = \int f'(x)\, g(x)\, dx + \int f(x)\, g'(x)\, dx \quad \text{bzw.}$$

$$\int f(x)\, g'(x)\, dx = f(x)\, g(x) - \int f'(x)\, g(x)\, dx.$$

Für die Berechnung von bestimmten Integralen ergibt sich dann:

(19.5) Satz

Seien $f, g : [a, b] \to \mathrm{IR}$ Funktionen mit stetigen Ableitungen $f'(x)$ und $g'(x)$. Dann gilt:

$$\int_a^b f(x)\, g'(x)\, dx = f(x)\, g(x)\Big|_a^b - \int_a^b f'(x)\, g(x)\, dx.$$

Bemerkung: Bei der partiellen Integration ermittelt man also zwei Funktionen $f(x)$ und $g(x)$, so daß das Produkt $f(x) g'(x)$ mit dem Integranden übereinstimmt. Dabei sind die Funktionen $f(x)$ und $g(x)$ so zu wählen, daß eine Stammfunktion von $f'(x) g(x)$ leicht bestimmt werden kann. Oftmals kann die Berechnung eines bestimmten Integrals nur durch mehrfaches Anwenden der partiellen Integration vorgenommen werden.

Beispiele

(1) Bei der Berechnung von $\displaystyle\int_a^b x e^x \, dx$ wählen wir $f(x) = x$ und $g(x) = e^x$.

Wegen $g'(x) = e^x$ und $f'(x) = 1$ ist hierbei

$$f(x) g'(x) = x e^x, \quad f(x) g(x) = x e^x, \quad f'(x) g(x) = e^x.$$

Nach Satz (19.5) gilt dann:

$$\int_a^b x e^x \, dx = x e^x \Big|_a^b - \int_a^b e^x \, dx = x e^x \Big|_a^b - e^x \Big|_a^b = b e^b - a e^a - (e^b - e^a) =$$

$$= e^b (b - 1) - e^a (a - 1).$$

Speziell ist $\displaystyle\int_0^1 x e^x \, dx = e^1 (1 - 1) - e^0 (0 - 1) = 1$.

(2) Um das Integral $\displaystyle\int_a^b x^2 e^x \, dx$ zu berechnen, führen wir eine zweimalige partielle

Integration durch. Dabei setzen wir zunächst $f(x) = x^2$ und $g(x) = e^x$. Die zweite Integration führen wir analog zu Beispiel (1) durch:

$$\int_a^b x^2 e^x \, dx = x^2 e^x \Big|_a^b - \int_a^b 2 x e^x \, dx = x^2 e^x \Big|_a^b - 2 \left(x e^x \Big|_a^b - \int_a^b e^x \, dx \right) =$$

$$= x^2 e^x \Big|_a^b - 2 x e^x \Big|_a^b + 2 \int_a^b e^x \, dx =$$

$$= b^2 e^b - a^2 e^a - 2 b e^b + 2 a e^a + 2 e^b - 2 e^a =$$

$$= e^b (b^2 - 2b + 2) - e^a (a^2 - 2a + 2).$$

(3) Bei der Berechnung von $\displaystyle\int_a^b \ln x \, dx$ für $a > 0$ wählen wir $f(x) = \ln x$ und $g(x) = x$.

Es gilt dann wegen $f'(x) = \frac{1}{x}$ und $g'(x) = 1$:

$$\int_a^b \ln x \, dx = \ln x \cdot x \Big|_a^b - \int_a^b \frac{1}{x} x \, dx = \ln x \cdot x \Big|_a^b - x \Big|_a^b =$$

$$= b \ln b - a \ln a - (b - a) = b (\ln b - 1) - a (\ln a - 1).$$

Speziell ist $\displaystyle\int_1^2 \ln x \, dx = 2 (\ln 2 - 1) - (\ln 1 - 1) = 2 \ln 2 - 1$.

Substitutionsregel

Die Integration durch Substitution einer Variablen entspricht der Kettenregel in der Differentialrechnung. Ist nämlich $F(t)$ eine Stammfunktion von $f(t)$ und $t = g(x)$, so erhält man durch Ableitung

$$F'(t) = f(t) \quad \text{und} \quad (F(g(x)))' = F'(g(x)) \, g'(x) = f(g(x)) \, g'(x).$$

Durch Integration ergibt sich daraus:

$$\int f(t) \, dt = \int f(g(x)) \, g'(x) \, dx.$$

Für die Berechnung von bestimmten Integralen gilt dann:

(19.6) Satz

Es seien die Funktionen $f : [a, b] \to \mathbb{R}$ stetig und $g : [\alpha, \beta] \to [a, b]$ differenzierbar mit stetiger Ableitung $g'(x)$. Ist dann $g(\alpha) = a$ und $g(\beta) = b$, so gilt:

$$\int_\alpha^\beta f(g(x)) \, g'(x) \, dx = \int_a^b f(t) \, dt = \int_{g(\alpha)}^{g(\beta)} f(t) \, dt.$$

Bemerkung: Bei der Integration durch Substitution werden also zwei Funktionen $f(t)$ und $t = g(x)$ bestimmt, so daß der Integrand die zusammengesetzte Funktion $f(g(x)) \, g'(x)$ bildet. Die Substitution $t = g(x)$ ist dabei so vorzunehmen, daß eine Stammfunktion von $f(t)$ leicht ermittelt werden kann. Weiter ist zu beachten, daß das Integrationsintervall $[\alpha, \beta]$ in das Intervall $[a, b] = [g(\alpha), g(\beta)]$ übergeht.

$$[\alpha, \beta] \xrightarrow{\ g(x)\ } [a, b] \xrightarrow{\ f(t)\ } \mathbb{R}$$
$$f(g(x))$$

Beispiele

(1) $\displaystyle\int_1^4 \sqrt{x-1}\; dx.$

Wählt man $f(t) = \sqrt{t} = t^{1/2}$ und $t = g(x) = x - 1$, so ist $f(g(x))\, g'(x) = \sqrt{x-1}$. Wegen $g(\alpha) = g(1) = 0$ und $g(\beta) = g(4) = 3$ gilt dann:

$$\int_1^4 \sqrt{x-1}\; dx = \int_0^3 \sqrt{t}\; dt = \frac{t^{\frac{3}{2}}}{\frac{3}{2}} \Big|_0^3 = \frac{2}{3}\sqrt{t^3}\; \Big|_0^3 = \frac{2}{3}\sqrt{27} = 2\sqrt{3}.$$

(2) $\displaystyle\int_2^3 \frac{2x}{10 - x^2}\; dx.$

Wählt man $f(t) = -\frac{1}{t}$ und $t = g(x) = 10 - x^2$, so ist $f(g(x))\, g'(x) =$
$-\dfrac{1}{10-x^2} \cdot (-2x) = \dfrac{2x}{10-x^2}$.

Wegen $g(\alpha) = g(2) = 6$ und $g(\beta) = g(3) = 1$ gilt dann:

$$\int_2^3 \frac{2x}{10 - x^2}\; dx = -\int_6^1 \frac{1}{t}\; dt = \int_1^6 \frac{1}{t}\; dt = \ln t \Big|_1^6 = \ln 6 - \ln 1 = \ln 6.$$

§ 20 Differentialgleichungen und andere Anwendungen der Integralrechnung

Als Anwendung der Integralrechnung auf Probleme aus den Wirtschaftswissenschaften behandeln wir hier die Aufgabe, zu einer gegebenen Grenzfunktion eine dazugehörende Stammfunktion zu ermitteln. Ferner betrachten wir einige mit Hilfe von Integralen definierte Begriffe aus der Finanzmathematik sowie der Wahrscheinlichkeitsrechnung und Statistik. Schließlich wollen wir auch noch eine Formel für die Lösung wichtiger Differentialgleichungen herleiten, die vor allem in der volkswirtschaftlichen Theorie sehr häufig angewandt werden.

Bestimmung einer Kostenfunktion bei gegebenen Grenzkosten

Ist eine Grenzkostenfunktion $K'(x)$ gegeben, so erhält man daraus die von der Produktionsmenge x abhängigen Kosten, also die variablen Kosten $K_v(x)$ als das bestimmte Integral

$$K_v(x) = \int_0^x K'(z)\; dz = K(z)\Big|_0^x = K(x) - K(0).$$

Da sich die Gesamtkosten

$$K(x) = K_v(x) + K_f$$

als Summe der variablen Kosten und der bei jeder Produktionsmenge x anfallenden fixen Kosten $K_f = K(0)$ ergeben, gilt dann:

$$K(x) = \int_0^x K'(z)\,dz + K(0).$$

Beispiele

(1) $K'(x) = ax^2 - bx + c$ mit $a, b, c > 0$

$$K(x) = \int_0^x (az^2 - bz + c)\,dz + K(0) = \left(\frac{az^3}{3} - \frac{bz^2}{2} + cz\right)\Bigg|_0^x + K(0) =$$

$$= \frac{a}{3}x^3 - \frac{b}{2}x^2 + cx + K(0).$$

(2) Es sei $K'(x) = \dfrac{1}{\sqrt{x}}$ mit $K_f = K(0) = 2$. Dann ist

$$K(x) = \int_0^x \frac{1}{\sqrt{z}}\,dz + 2 = 2z^{1/2}\Big|_0^x + 2 = 2\sqrt{x} + 2 \quad (\text{Bild 2-63}).$$

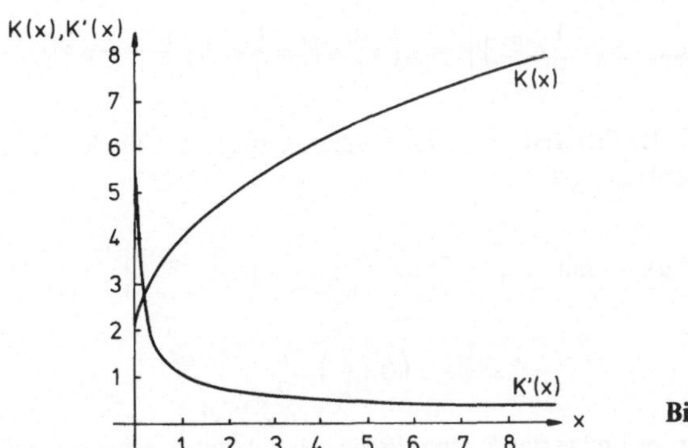

Bild 2-63

Einige Formeln aus der Finanzmathematik

Für den Gegenwartswert W eines Investitionsgutes, das zu Beginn jeder Periode die Einnahmen $z_0, z_1, \ldots, z_t$ erbringt, gilt bei einer Zinsrate p die Formel

$$W = z_0 + \frac{z_1}{(1+p)} + \frac{z_2}{(1+p)^2} + \ldots + \frac{z_t}{(1+p)^t} = \sum_{i=0}^{t} \frac{z_i}{(1+p)^i}.$$

Man kann dies analog zu den Überlegungen in § 7 ableiten. Wir wollen nun dieses Ergebnis verallgemeinern auf den Fall eines kontinuierlichen Einkommensstromes und kontinuierlicher Verzinsung.

Wie wir in § 16 gezeigt haben, wächst ein Kapital K_0, das bis zum Zeitpunkt t zu einem Zinssatz p angelegt ist, exponentiell auf den Wert

$$K(t) = K_0\, e^{pt}.$$

Der Barwert (Gegenwartswert) von $K(t)$ berechnet sich hierbei gemäß

$$K_0 = \frac{K(t)}{e^{pt}} = K(t)\, e^{-pt}.$$

Werden nun die Einnahmen in Abhängigkeit von der Zeit t durch eine stetige Funktion $z(t)$ beschrieben, so erhält man den Gegenwartswert dieses Einkommensstromes

nicht mehr als Summe $W = \sum\limits_{i=0}^{t} \dfrac{z_i}{(1+p)^i}$, sondern als bestimmtes Integral

$$W = \int\limits_0^t z(x)\, e^{-px}\, dx,$$

wobei wir x als Integrationsvariable bezeichnen.

Für den Fall konstanter Einnahmen $z(t) = z$ ergibt sich dann:

$$W = \int\limits_0^t z e^{-px}\, dx = z\left(-\frac{1}{p}\, e^{-px}\right)\Bigg|_0^t = z\left(-\frac{1}{p}\, e^{-pt} + \frac{1}{p}\, e^0\right) = \frac{z}{p}\left(1 - e^{-pt}\right).$$

Nimmt man an, daß der Ertragsstrom zeitlich unbegrenzt ist, so stellt der Gegenwartswert ein uneigentliches Integral dar:

$$W = \int\limits_0^{\infty} z e^{-px}\, dx = \lim_{b_n \to \infty} z \int\limits_0^{b_n} e^{-px}\, dx = \lim_{b_n \to \infty} z\left(-\frac{1}{p}\, e^{-px}\right)\Bigg|_0^{b_n} =$$

$$= z \lim_{b_n \to \infty}\left(-\frac{1}{p}\, e^{-pb_n} + \frac{1}{p}\, e^0\right) = z\left(0 + \frac{1}{p}\right) = \frac{z}{p}.$$

Bei der Berechnung des Endwertes K einer Reihe von Zahlungen gehen wir auf ähnliche Weise vor. Werden jeweils zu Beginn einer Periode die Zahlungen $Z_0, Z_1, \ldots, Z_t$ vorgenommen, so ergibt sich bei einem Zinssatz p für das am Ende der t-ten Periode zur Verfügung stehende Kapital:

$$K = (1+p)^t Z_0 + (1+p)^{t-1} Z_1 + \ldots + (1+p) Z_{t-1} + Z_t =$$

$$= \sum\limits_{n=0}^{t} (1+p)^{t-n} Z_n.$$

Wir wollen dies nun wieder verallgemeinern auf den Fall kontinuierlicher Zahlungen. Bei einem stetigen Zahlungsstrom $Z(t)$ und bei kontinuierlicher Verzinsung erhält man dann für den Endwert das bestimmte Integral

$$K = \int\limits_0^t Z(x)\, e^{(t-x)\,p}\, dx,$$

wobei wieder x als Integrationsvariable gewählt sei. Bei konstanten Zahlungen $Z(t) = Z$ gilt dann:

$$K = \int\limits_0^t Z e^{(t-x)p}\, dx = Z\left(-\frac{1}{p}\, e^{(t-x)p}\right)\Bigg|_0^t = Z\left(-\frac{1}{p}\, e^0 + \frac{1}{p}\, e^{pt}\right) = \frac{Z}{p}\,(e^{pt} - 1).$$

Einige Begriffe aus der Wahrscheinlichkeitsrechnung

In der Wahrscheinlichkeitsrechnung spielen die folgenden, mit Hilfe von uneigentlichen Integralen definierten Begriffe, eine wichtige Rolle.

(20.1) Definition

Es sei $f : \text{IR} \to \text{IR}$ eine stückweise stetige Funktion mit $f(x) \geq 0$. Dann heißt

(a) die Funktion f eine *Wahrscheinlichkeitsdichte*, wenn gilt:

$$\int\limits_{-\infty}^{+\infty} f(x)\, dx = 1;$$

(b) die durch die Vorschrift

$$F(y) = \int\limits_{-\infty}^{y} f(x)\, dx$$

definierte Funktion $F : \text{IR} \to [0, 1]$ eine *Verteilungsfunktion;*

(c) der Wert

$$E(x) = \int\limits_{-\infty}^{+\infty} x f(x)\, dx$$

ein *Erwartungswert.*

Wir wollen diese Begriffe hier nur rein formal behandeln und nicht auf ihre Bedeutung eingehen.

Beispiel

Die Funktion $f(x) = \begin{cases} \dfrac{1}{8} & \text{für } -4 < x \leqslant 4 \\ 0 & \text{sonst} \end{cases}$

ist eine Wahrscheinlichkeitsdichte, da gilt:

$$\int\limits_{-\infty}^{+\infty} f(x)\,dx = \int\limits_{-\infty}^{-4} 0\,dx + \int\limits_{-4}^{4} \frac{1}{8}\,dx + \int\limits_{4}^{\infty} 0\,dx = \frac{1}{8}x\Big|_{-4}^{4} = \frac{4}{8} - \left(-\frac{4}{8}\right) = 1 \quad \text{(Bild 2-64)}$$

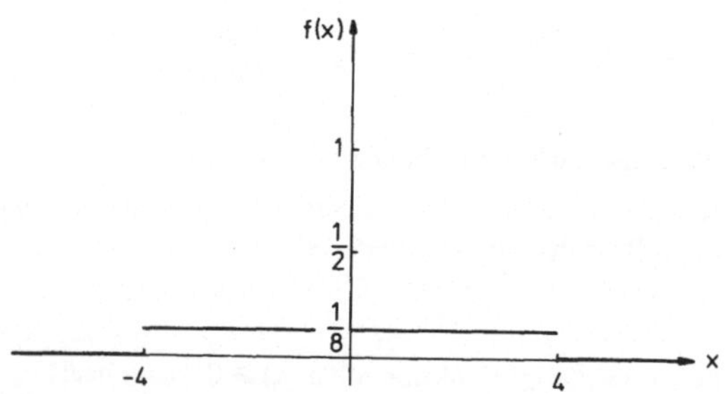

Bild 2-64

Für die Verteilungsfunktion $F(y)$ erhält man hierbei

für $\quad y < -4 : F(y) = \int\limits_{-\infty}^{y} 0\,dx = 0$

für $-4 \leqslant y < 4 : F(y) = \int\limits_{-\infty}^{-4} 0\,dx + \int\limits_{-4}^{y} \frac{1}{8}\,dx = \frac{1}{8}x\Big|_{-4}^{y} = \frac{1}{8}y + \frac{1}{2};$

für $\quad y \geqslant 4 : F(y) = \int\limits_{-\infty}^{-4} 0\,dx + \int\limits_{-4}^{4} \frac{1}{8}\,dx + \int\limits_{4}^{y} 0\,dx = 1.$

Es ist also:

$$F(y) = \begin{cases} 0 & \text{für} \quad y < -4 \\ \dfrac{1}{8}y + \dfrac{1}{2} & \text{für } -4 \leqslant y < 4 \\ 1 & \text{für} \quad y \geqslant 4 \end{cases} \quad \text{(Bild 2-65)}.$$

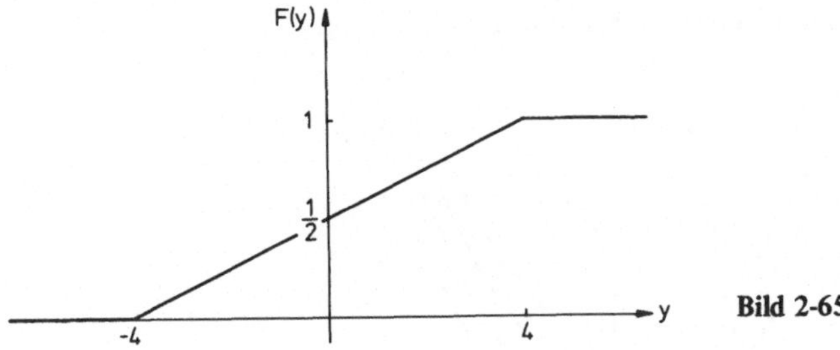

Bild 2-65

Der Erwartungswert beträgt

$$E(x) = \int\limits_{-\infty}^{+\infty} xf(x)\,dx = \int\limits_{-\infty}^{-4} x \cdot 0\,dx + \int\limits_{-4}^{4} x\,\frac{1}{8}\,dx + \int\limits_{4}^{\infty} x \cdot 0\,dx =$$

$$= \frac{x^2}{16}\,\bigg|_{-4}^{4} = \frac{16}{16} - \frac{16}{16} = 0.$$

Differentialgleichungen

Zur Beschreibung von ökonomischen Zusammenhängen benötigt man vielfach auch sogenannte Differentialgleichungen. Dies ist insbesondere bei der dynamischen Wirtschaftstheorie der Fall, wenn man das Verhalten von kontinuierlich (d.h. stetig) variierbaren ökonomischen Größen in Abhängigkeit von der Zeit betrachtet.

Wir behandeln hier nur Differentialgleichungen, die allgemein die Form

$$(*)\quad y'(t) - a(t) \cdot y(t) = b(t)$$

besitzen, wobei y(t) differenzierbar ist und a(t) bzw. b(t) stetige Funktionen darstellen.

Man bezeichnet diesen Ausdruck als die *Standardform* einer linearen Differentialgleichung erster Ordnung. Es handelt sich also dabei um eine mathematische Gleichung, die neben einer unbekannten Funktion y(t) auch deren Ableitung y'(t) enthält. Eine Lösung dieser Differentialgleichung ist eine Funktion y(t), welche die Gleichung (*) identisch erfüllt.

Ein sehr einfacher Spezialfall einer solchen Differentialgleichung ist z.B. die Ableitung

$$y'(t) = \frac{1}{2}\,t - 1.$$

Eine Lösung erhält man dabei ganz einfach durch Berechnung der Stammfunktion

$$y(t) = \int \left(\frac{1}{2}\,t - 1 \right) dt = \frac{1}{4}\,t^2 - t + C.$$

Wie man sieht, gibt es hier eine ganze Schar von Lösungskurven, die sich alle nur durch die Konstante C unterscheiden.

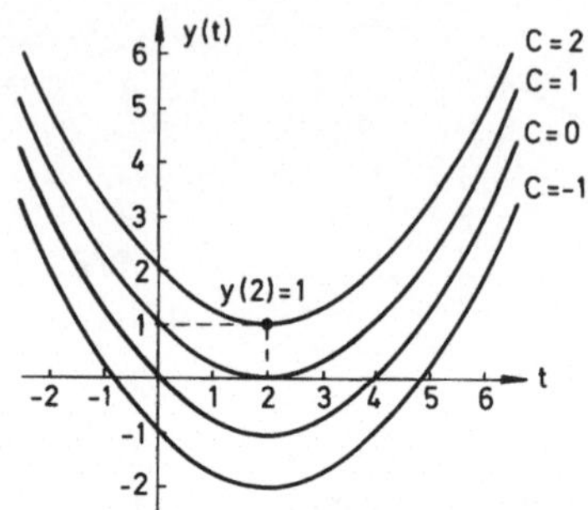

Eine spezielle Lösung erhält man dagegen, wenn man sich einen bestimmten Punkt vorgibt, durch den die Lösungskurve verlaufen soll. Man bezeichnet einen solchen Punkt auch als *Anfangswert* der Differentialgleichung.

Wählt man z.B. $y(2) = 1$, so ergibt sich aus der Gleichung: $y(2) = \frac{1}{4} \cdot 4 - 2 + C = 1$ die Konstante $C = 2$. Man sagt dann, die Differentialgleichung

$$y'(t) = \frac{1}{2}\, t - 1$$

besitzt unter dem Anfangswert $y(2) = 1$ die Lösung

$$y(t) = \frac{1}{4}\, t^2 - t + 2.$$

Wir wollen nun allgemein eine Formel für die Lösung der Differentialgleichung

$$y'(t) - a(t) \cdot y(t) = b(t)$$

herleiten. Diese Differentialgleichung nennen wir *inhomogen*, falls $b(t) \neq 0$ und *homogen*, falls $b(t) = 0$ ist.

Die Lösung der homogenen Differentialgleichung

$$y'(t) - a(t) \cdot y(t) = 0$$

erhalten wir sofort, wenn wir diese Gleichung in der Form

$$\frac{y'(t)}{y(t)} = a(t)$$

schreiben. Es gilt nämlich $\frac{y'(t)}{y(t)} = (\ln y(t))'$, d.h. $\frac{y'(t)}{y(t)}$ ist die Ableitung der Funktion $\ln y(t)$.

Durch Integration ergibt sich somit

$$\int \frac{y'(t)}{y(t)}\, dt = \int (\ln y(t))'\, dt = \ln y(t) = \int a(t)\, dt.$$

Wendet man nun auf beiden Seiten noch die Exponentialfunktion an, so erhalten wir schließlich

$$e^{\ln y(t)} = y(t) = e^{\int a(t)dt}.$$

Es gilt also der folgende

(20.2) Satz

Die homogene lineare Differentialgleichung erster Ordnung

$$y'(t) - a(t) \cdot y(t) = 0$$

besitzt die Lösung

$$y(t) = e^{\int a(t)dt}.$$

Es ergibt sich dabei natürlich wieder eine Schar von Lösungskurven, und man erhält daraus nur dann eine spezielle Lösung, wenn man sich einen Anfangswert vorgibt.

Beispiele

(1)   Löse die Differentialgleichung

$$-t\,y'(t) = 6t^3 y(t) \quad \text{bei} \quad y(0) = 5.$$

Dividiert man diese Differentialgleichung durch $-t$, so erhält man $y'(t) = -6t^2 y(t)$ und daraus die Standardform

$$y'(t) + 6t^2 y(t) = 0.$$

Es ist dabei $a(t) = -6t^2$ und als Lösung ergibt sich:

$$y(t) = e^{\int -6t^2 dt} = e^{-2t^3 + C} = e^C \cdot e^{-2t^3}.$$

Wegen $y(0) = e^C \cdot e^0 = 5$ gilt $e^C = 5$, so daß wir als spezielle Lösung die Funktion

$$y(t) = 5e^{-2t^3}$$

erhalten.

(2)   Es soll eine Funktion $y(t)$ bestimmt werden, die die Elastizität $\epsilon_y(t) = 3 + 2t$ besitzt.

Nach der Formel für die Elastizität gilt dabei die Gleichung

$$\epsilon_y(t) = t\,\frac{y'(t)}{y(t)} = 3 + 2t.$$

Multipliziert man diese Gleichung mit $\dfrac{y(t)}{t}$, so ergibt sich daraus

$$y'(t) = \left(\frac{3}{t} + 2\right) y(t) \quad \text{bzw.} \quad y'(t) - \left(\frac{3}{t} + 2\right) y(t) = 0.$$

Wegen $a(t) = \dfrac{3}{t} + 2$ erhalten wir die Lösung dieser homogenen linearen Differentialgleichung mit Hilfe der Formel

$$y(t) = e^{\int \left(\frac{3}{t} + 2\right) dt} = e^{3 \ln t + 2t + C}.$$

Nach den Rechenregeln für die Exponentialfunktion gilt dann:

$$y(t) = e^C \cdot e^{3 \ln t} \cdot e^{2t} = e^C \cdot \left(e^{\ln t}\right)^3 \cdot e^{2t} = e^C \cdot t^3 \cdot e^{2t}.$$

Die gesuchte Funktion hat also die Form

$$y(t) = ct^3 e^{2t} \quad (c \in \mathbb{R}).$$

Um die Lösung der inhomogenen Differentialgleichung

$$y'(t) - a(t) \cdot y(t) = b(t)$$

zu erhalten, multiplizieren wir diese Gleichung mit $e^{-\int a(t)dt}$ und erhalten so

$$y'(t) \cdot e^{-\int a(t)dt} - a(t) \cdot y(t) \cdot e^{-\int a(t)dt} = b(t) \cdot e^{-\int a(t)dt}.$$

Wie man sich nun durch Anwenden der Produktregel leicht überzeugen kann, stellt die linke Seite dieser Gleichung die Ableitung der Funktion $y(t) \cdot e^{-\int a(t)dt}$ dar, d.h.

$$\left(y(t) \cdot e^{-\int a(t)dt}\right)' = y'(t)\, e^{-\int a(t)dt} - a(t)\, y(t)\, e^{-\int a(t)dt} = b(t)\, e^{-\int a(t)dt}.$$

Durch Integration ergibt sich dann daraus

$$\int \left(y(t) \cdot e^{-\int a(t)dt}\right)' dt = y(t) \cdot e^{-\int a(t)dt} = \int \left(b(t) \cdot e^{-\int a(t)dt}\right) dt.$$

Wir brauchen jetzt diese Gleichung nur noch mit $e^{\int a(t)dt}$ zu multiplizieren und erhalten daraus die Lösungsformel

$$y(t) = e^{\int a(t)dt} \cdot \int \left(b(t) \cdot e^{-\int a(t)dt}\right) dt.$$

Es gilt also der folgende

(20.3) Satz

Die inhomogene lineare Differentialgleichung erster Ordnung

$$y'(t) - a(t) \cdot y(t) = b(t)$$

besitzt die Lösung

$$y(t) = e^{\int a(t)dt} \cdot \int \left(b(t) \cdot e^{-\int a(t)dt}\right) dt.$$

Beispiele

(1) $y'(t) = -2y(t) + 4$ bei $y(0) = 5$.

In Standardform lautet diese Differentialgleichung

$$y'(t) + 2y(t) = 4.$$

Es ist also $a(t) = -2$ bzw. $b(t) = 4$ und nach Satz (20.3) ergibt sich die Lösung

$$y(t) = e^{\int -2\,dt} \int (4e^{-\int -2\,dt})\,dt = e^{-2t} \cdot \int (4e^{2t})\,dt =$$

$$= e^{-2t} \left(\frac{4}{2} e^{2t} + C \right) = 2 + Ce^{-2t}.$$

Bei dem Anfangswert $y(0) = 2 + C \cdot e^0 = 5$ gilt dann $C = 3$ und wir erhalten die spezielle Lösung

$$y(t) = 2 + 3\,e^{-2t}.$$

(2) $ty'(t) = y(t) + 2$ bei $y(-1) = 3$.

Dividiert man hierbei durch t, so erhält man $y'(t) = \frac{1}{t} y(t) + \frac{2}{t}$, und die Standardform dieser Differentialgleichung lautet:

$$y'(t) - \frac{1}{t} y(t) = \frac{2}{t}.$$

Wegen $a(t) = \frac{1}{t}$ und $b(t) = \frac{2}{t}$ erhalten wir dann die Lösung

$$y(t) = e^{\int \frac{1}{t}\,dt} \cdot \int \left(\frac{2}{t} e^{-\int \frac{1}{t}\,dt} \right) dt = e^{\ln t} \cdot \int \left(\frac{2}{t} e^{-\ln t} \right) dt =$$

$$= t \cdot \int \left(\frac{2}{t} \cdot \frac{1}{t} \right) dt = t \cdot \int 2t^{-2}\,dt = t(-2t^{-1} + C) =$$

$$= -2 + C \cdot t.$$

Bei dem Anfangswert $y(-1) = -2 + C \cdot (-1) = 3$ gilt dann $C = -5$ und die spezielle Lösung hat die Form

$$y(t) = -2 - 5t.$$

Wir wollen nun noch ein dynamisches Marktmodell betrachten und dabei untersuchen, wie sich der Preis $p(t)$ eines bestimmten Gutes im Zeitablauf verändert.

Die Nachfragefunktion bezeichnen wir bei diesem Modell allgemein mit

$$x^N (t) = a + bp(t) \qquad (a > 0,\, b \in \mathbb{R})$$

und die Angebotsfunktion mit

$$x^A (t) = \alpha + \beta p(t). \qquad (\alpha > 0,\, \beta \in \mathbb{R}).$$

Um den Preis $\bar{p}$ zu bestimmen, bei dem sich Angebots- und Nachfragemenge ausgleichen, setzen wir einfach

$$x^A(t) = x^N(t).$$

Aus $\alpha + \beta p(t) = a + bp(t)$ ergibt sich dann $(\beta - b)\,p(t) = a - \alpha$, d.h. also

$$p(t) = \frac{a - \alpha}{\beta - b} = \bar{p}.$$

Man bezeichnet $\bar{p}$ auch als Gleichgewichtspreis.

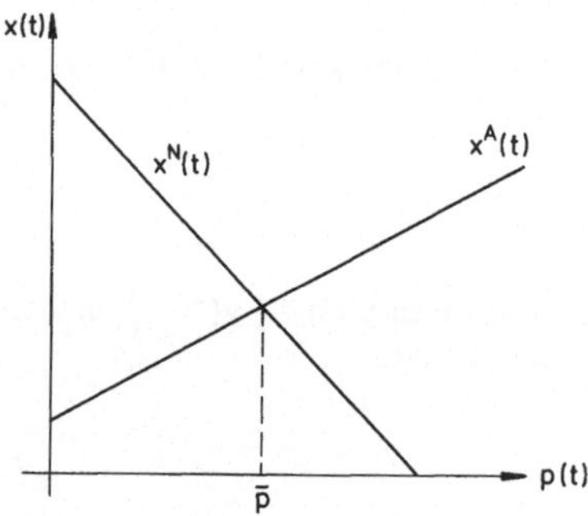

Wir nehmen nun an, daß sich der Preis gemäß der Beziehung

$$p'(t) = k(x^N(t) - x^A(t)) \quad (k > 0)$$

ändert. Die Änderungsrate des Preises ist hier also proportional zur Differenz zwischen nachgefragter und angebotener Menge. Der Preis nimmt zu, falls die Nachfrage das Angebot übersteigt und nimmt ab, falls umgekehrt mehr angeboten als nachgefragt wird.

Setzt man in diese Änderungsrate die Formeln für $x^A(t)$ und $x^N(t)$ ein, so ergibt sich der Ausdruck

$$p'(t) = k(a + bp(t) - \alpha - \beta p(t)) = k(a - \alpha) + k(b - \beta)\,p(t).$$

Wir erhalten somit also eine lineare Differentialgleichung erster Ordnung der Form

$$p'(t) - k(b - \beta)\,p(t) = k(a - \alpha).$$

Wegen $a(t) = k(b - \beta)$ und $b(t) = k(a - \alpha)$ gilt dann nach Satz (20.3):

$$p(t) = e^{\int k(b-\beta)\,dt} \cdot \int \left(k(a-\alpha) \cdot e^{-\int k(b-\beta)\,dt}\right) dt =$$

$$= e^{k(b-\beta)t} \cdot \int \left(k(a-\alpha) \cdot e^{-k(b-\beta)t}\right) dt =$$

$$= e^{k(b-\beta)t} \cdot \left(-\frac{k(a-\alpha)}{k(b-\beta)} \cdot e^{-k(b-\beta)t} + C\right) =$$

$$= \frac{a-\alpha}{\beta-b} + C \cdot e^{k(b-\beta)t}.$$

Gibt man sich den Anfangswert $p(0) = p_0$ vor, so erhält man

$$p(0) = \frac{a-\alpha}{\beta-b} + C \cdot e^0 = p_0, \quad \text{d.h.}$$

$$C = p_0 - \frac{a-\alpha}{\beta-b} = p_0 - \bar{p},$$

Die Preisfunktion hat dann also die Form

$$p(t) = \bar{p} + (p_0 - \bar{p})\, e^{k(b-\beta)t}.$$

Gilt dabei $b - \beta < 0$, so strebt $e^{k(b-\beta)t} \to 0$ für $t \to \infty$ und die Preisfunktion $p(t)$ nähert sich dem Gleichgewichtspreis $\bar{p}$.

Bemerkung: Ist keine Verwechslung zu befürchten, so schreibt man Differentialgleichungen häufig in Kurzform, d.h. ohne die Variable anzugeben, von der die Lösungsfunktion und deren Ableitung abhängen. So stellt z.B. die Lösung der Differentialgleichung

$$ty' + \frac{1}{t}\, y = 5$$

eine Funktion $y(t)$ und die Lösung der Differentialgleichung

$$z' - x^2 y = 3x$$

eine Funktion $z(x)$ dar.

Weiterführende Literatur

[1] Allen, R. G. D.: Mathematik für Volks- und Betriebswirte. Duncker & Humblot. Berlin 1972.

[2] Beckmann, M. J., Künzi, H. P.: Mathematik für Ökonomen I. Springer. Berlin, Heidelberg 1969.

[3] Chiang, A. C.: Fundamental Methods of Mathematical Economics. McGraw-Hill. New York 1974.

[4] Dück, W., Bliefernich, M.: Operationsforschung 1. VEB Deutscher Verlag der Wissenschaft. Berlin 1971.

[5] Erwe, F.: Differential- und Integralrechnung I. Bibliographisches Institut. Mannheim 1973.

[6] Erwe, F.: Differential- und Integralrechnung II. Bibliographisches Institut. Mannheim 1973.

[7] Forster, O.: Analysis I. vieweg studium, Bd. 24. 3., durchgesehene Aufl. Vieweg. ǝk Braunschweig 1980.

[8] Heike, H. D., Greiner, D., Lehmann, J.: Mathematik für Wirtschaftswissenschaftler, Band 1. verlag moderne industrie. München 1977.

[9] Kemeny, J. G., Schleifer jr., A., Snell, J. L., Thompson, G. L.: Mathematik für die Wirtschaftspraxis. 2 verb. Aufl. de Gruyter. Berlin, New York 1972.

[10] Körth, H., Otto, C., Runge, W., Schoch, M.: Lehrbuch der Mathematik für Wirtschaftswissenschaften. Westdeutscher Verlag. Opladen 1972.

[11] Kosiol, E.: Finanzmathematik. Gabler Verlag. Wiesbaden 1966.

[12] Meschkowski, H.: Mathematisches Begriffswörterbuch. Bibliographisches Institut. Mannheim 1962.

[13] Smirnov, W. J.: Lehrgang der höheren Mathematik, Teil I. VEB Deutscher Verlag der Wissenschaften. Berlin 1971.

[14] Varga, T.: Mathematische Logik für Anfänger, Aussagenlogik. Volkseigener Verlag Volk und Wissen. Berlin 1970.

[15] Wetzel, W., Skarabis, H., Naeve, P.: Mathematische Propädeutik für Wirtschaftswissenschaftler. de Gruyter. Berlin 1968.

Sachwortverzeichnis

Wichtige Formeln im Überblick

Einleitend soll darauf hingewiesen werden, dass eine Division durch 0 natürlich nicht definiert ist und die in den entsprechenden Formeln vorkommenden Ableitungen, Integrale usw. existieren. Aus Gründen der Vereinfachung wird hier deshalb nicht bei jeder einzelnen Rechenregel extra darauf eingegangen.

1. Arithmetik

1.1. Rechnen mit Brüchen

a. $\dfrac{a}{b} + \dfrac{c}{d} = \dfrac{a \cdot d + b \cdot c}{b \cdot d}$ **b.** $\dfrac{a}{b} \cdot \dfrac{c}{d} = \dfrac{a \cdot c}{b \cdot d}$

c. $\dfrac{a}{b} : \dfrac{c}{d} = \dfrac{\frac{a}{b}}{\frac{c}{d}} = \dfrac{a}{b} \cdot \dfrac{d}{c} = \dfrac{a \cdot d}{b \cdot c}$ **d.** $\dfrac{a}{b} \cdot \dfrac{c}{c} = \dfrac{a \cdot c}{b \cdot c}$

1.2. Rechnen mit Potenzen

a. $x^0 = 1$ für $x \neq 0$ **b.** $x^a \cdot x^b = x^{a+b}$

c. $\dfrac{x^a}{x^b} = x^a \cdot x^{-b} = x^{a-b}$ **d.** $x^a \cdot y^a = (x \cdot y)^a$

e. $\left(\dfrac{x}{y}\right)^a = \dfrac{x^a}{y^a}$ **f.** $(x^a)^b = x^{a \cdot b}$

g. $\sqrt[n]{a^m} = a^{\frac{m}{n}}$ **h.** $\dfrac{1}{\sqrt[n]{a^m}} = a^{-\frac{m}{n}}$

1.3. Lösung einer quadratischen Gleichung

$$ax^2 + bx + c = 0 \Rightarrow x_{1,2} = \frac{-b \pm \sqrt{b^2 - 4ac}}{2a} \text{ für } b^2 - 4ac \geq 0.$$

Faktorisierung

Sind x_1 und x_2 die Lösungen der quadratischen Gleichung, so gilt:

$$ax^2 + bx + c = a \cdot (x - x_1) \cdot (x - x_2).$$

1.4. Binomische Formeln

a. $(a+b)^2 = a^2 + 2ab + b^2$ **b.** $(a-b)^2 = a^2 - 2ab + b^2$

c. $(a+b) \cdot (a-b) = a^2 - b^2$

2. Rechenregeln für Ungleichungen

a. $a < b \Rightarrow a + c < b + c$

b. $a < b \Rightarrow \begin{cases} a \cdot c < b \cdot c & \text{für } c > 0 \\ a \cdot c > b \cdot c & \text{für } c < 0 \end{cases}$

c. $0 < a < b \Rightarrow \begin{cases} a^n < b^n \\ \sqrt[n]{a} < \sqrt[n]{b} \end{cases}$ für alle $n \in \mathbb{N}$

3. Ableitungsregeln

a. $f(x) = x^a \Rightarrow f'(x) = a \cdot x^{a-1}$ für alle $a \in \mathbb{R}$ **Potenzfunktion**

b. $(f(x) + g(x))' = f'(x) + g'(x)$ **Summenregel**

c. $(f(x) \cdot g(x))' = f'(x) \cdot g(x) + f(x) \cdot g'(x)$ **Produktregel**

d. $\left(\dfrac{f(x)}{g(x)} \right)' = \dfrac{f'(x) \cdot g(x) - f(x) \cdot g'(x)}{g^2(x)}$ **Quotientenregel**

e. $(f(g(x)))' = f'(g(x)) \cdot g'(x)$ **Kettenregel**

Gleichung einer Geraden durch die Punkte (x_0, y_0) und (x_1, y_1):

$$f(x) = \frac{y_1 - y_0}{x_1 - x_0} \cdot (x - x_0) + y_0.$$

Gleichung der Tangente an die Funktion $f(x, y)$ an der Stelle x_0:

$$T(x) = f(x_0) + f'(x_0) \cdot (x - x_0).$$

4. Exponential- und Logarithmusfunktion

4.1. Exponentialfunktion

$y = f(x) = e^x = \exp(x)$ ist streng monoton wachsend für alle $x \in D_f = \mathbb{R}$

a. $e^x > 0$ für alle $x \in D_f$ **b.** $e^0 = 1$

c. $\lim\limits_{x \to \infty} e^x \to \infty$ und $\lim\limits_{x \to -\infty} e^x \to 0$ **d.** $e^1 = e = 2{,}718\ldots$

4.2. Logarithmusfunktion

$y = f(x) = \ln x$ ist streng monoton wachsend für alle $x \in D_f =]0, \infty[$

a. $\quad -\infty < \ln x < \infty$ $\qquad\qquad$ **b.** $\quad \ln 1 = 0$

c. $\quad \lim\limits_{x \to 0, x > 0} \ln x \to -\infty$ und $\lim\limits_{x \to \infty} \ln x \to \infty$ $\qquad$ **d.** $\quad \ln e = 1$

4.3. Rechenregeln für die e- und ln-Funktion

a. $\quad e^{x+y} = e^x \cdot e^y$ $\qquad\qquad$ **b.** $\quad \ln(x \cdot y) = \ln x + \ln y$

c. $\quad e^{x-y} = \dfrac{e^x}{e^y}$ $\qquad\qquad$ **d.** $\quad \ln\left(\dfrac{x}{y}\right) = \ln x - \ln y$

e. $\quad e^{ax} = (e^x)^a$ $\qquad\qquad$ **f.** $\quad \ln x^a = a \cdot \ln x$

g. $\quad e^{\ln x} = x$ $\qquad\qquad$ **h.** $\quad \ln e^x = x$

i. $\quad (e^x)' = e^x$ $\qquad\qquad$ **j.** $\quad (\ln x)' = \dfrac{1}{x}$

k. $\quad \left(e^{f(x)}\right)' = f'(x) \cdot e^{f(x)}$ $\qquad$ **l.** $\quad (\ln f(x))' = f'(x) \cdot \dfrac{1}{f(x)}$

5. Kurvendiskussion

5.1. Monotonie- und Krümmungsverhalten

Die Funktion $f(x)$ ist im Intervall $I \subset D_f$
- **streng monoton wachsend,** falls gilt: $f'(x) > 0$
- **streng monoton fallend,** falls gilt: $f'(x) < 0$
- **konvex** (= linksgekrümmt), falls gilt: $f''(x) > 0$
- **konkav** (= rechtsgekrümmt), falls gilt: $f''(x) < 0$

5.2. Bestimmung der Extremwerte und Wendepunkte

a. Notwendige Bedingung
Hat die Funktion $f(x)$ in $x_S \in D_f$ ein lokales Extremum $\Rightarrow f'(x_S) = 0$.
x_S heisst **stationärer Punkt**.

b. Hinreichende Bedingung

Ist $f'(x_S) = 0$, so besitzt die Funktion $f(x)$ ein

- **lokales Maximum**, falls gilt: $f''(x) < 0$
- **lokales Minimum**, falls gilt: $f''(x) > 0$.

c. Wendepunkte

Ist $f''(x_W) = 0$ und $f'''(x_W) \neq 0 \Rightarrow f$ hat in x_W einen Wendepunkt.

6. Integralrechnung

6.1. Unbestimmtes Integral

$\int f(x)\, dx = F(x) + c$ mit $c \in \mathbb{R}$

$F(x)$ heisst Stammfunktion zu $f(x)$, falls gilt: $F'(x) = f(x)$.

Wichtige Formeln zur Berechnung von Stammfunktionen:

a. $\int x^a\, dx = \dfrac{x^{a+1}}{a+1}$ für $a \neq -1$
b. $\int x^{-1}\, dx = \int \dfrac{1}{x}\, dx = \ln x$ für $x > 0$

c. $\int e^x\, dx = e^x$
d. $\int e^{ax}\, dx = \dfrac{1}{a} \cdot e^{ax}$ für $a \neq 0$

e. $\int \dfrac{f'(x)}{f(x)}\, dx = \ln |f(x)|$
f. $\int f'(x) \cdot e^{f(x)}\, dx = e^{f(x)}$

6.2. Berechnung des bestimmten Integrals

$\int\limits_a^b f(x)\, dx = F(x)\big|_a^b = F(b) - F(a)$ mit $F(x)$ Stammfunktion zu $f(x)$.

Rechenregeln für bestimmte Integrale:

a. $\int\limits_a^b [f(x) + g(x)]\, dx = \int\limits_a^b f(x)\, dx + \int\limits_a^b g(x)\, dx$

b. $\int\limits_a^b \lambda \cdot f(x)\, dx = \lambda \cdot \int\limits_a^b f(x)\, dx$

c. $\int\limits_a^b f(x)\, dx = - \int\limits_b^a f(x)\, dx$

d. $\displaystyle\int_a^a f(x)\,dx = 0$

e. $\displaystyle\int_a^b f(x)\,dx = \int_a^c f(x)\,dx + \int_c^b f(x)\,dx$ für $c \in [a,b]$.

7. Finanzmathematik

7.1. Arithmetische und geometrische Reihen

Summenwert der endlichen arithmetischen Reihe:

$$s_n = a + (a+d) + (a+2d) + \cdots + [a + (n-1)d] = \frac{n}{2}[2a + (n-1)d].$$

Summenwert der endlichen geometrische Reihe:

$$s_n = a + aq + aq^2 + \cdots + aq^{n-1} = a \cdot \frac{1-q^n}{1-q} \text{ für } q \neq 1.$$

Summenwert der unendlichen geometrische Reihe:

$$s = a + aq + aq^2 + aq^3 + \cdots = \frac{a}{1-q} \text{ für } -1 < q < 1.$$

7.2. Zinseszinsrechnung

Zinseszinsformel:
Anfangskapital K_0, Zinssatz p

$$\text{Endkapital } K_n \text{ nach n Perioden: } K_n = (1+p)^n \cdot K_0$$

Berechnung des Zinssatzes:
Anfangskapital K_0, Endkapital K_n, Laufzeit n

$$\text{Zinssatz } p = \sqrt[n]{\frac{K_n}{K_0}} - 1$$

Berechnung der Laufzeit:
Anfangskapital K_0, Endkapital K_n, Zinssatz p

$$\text{Laufzeit } n = \frac{\ln\left(\dfrac{K_n}{K_0}\right)}{\ln(1+p)} = \frac{\ln(K_n) - \ln(K_0)}{\ln(1+p)}$$